非零应矩弹性理论实证

黄双华　韩文坝　蔡冰清◎著

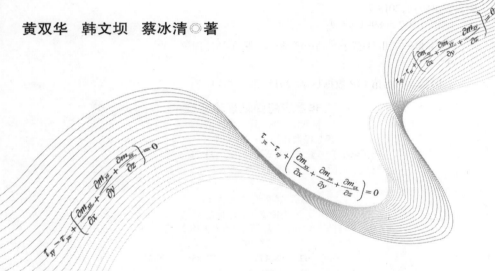

重庆大学出版社

内容提要

《非零应矩弹性理论》自 2013 年在全国发行以来,受到国内外力学界的重视。新理论修正了"作用在单位面积上的力矩的极限(应矩)恒等于零为非零",得到弯应矩这一新的物理量;使弹性力学的平衡微分方程由 3 个增加到 6 个。为了验证新理论的正确性,作者在清华大学、哈尔滨工业大学和攀枝花学院等高校开展了多项验证实验,表明按新理论分析更接近实验值,而按现行弹性理论分析与实验值误差太大。本书的出版证实了现行弹性理论存在的理论缺陷和新理论的正确性。本书将试验结果汇集成书,可供广大本科生、研究生和力学工作者阅读研究。

图书在版编目(CIP)数据

非零应矩弹性理论实证 / 黄双华,韩文坝,蔡冰清著. —重庆:重庆大学出版社,2018.7

ISBN 978-7-5689-1098-9

Ⅰ.①非… Ⅱ.①黄…②韩…③蔡… Ⅲ.①弹性理论 Ⅳ.①O343

中国版本图书馆 CIP 数据核字(2018)第 124473 号

非零应矩弹性理论实证

黄双华 韩文坝 蔡冰清 著
策划编辑:何 梅 曾令维 范 琪
责任编辑:文 鹏 版式设计:何 梅 曾令维 范 琪
责任校对:贾 梅 责任印制:张 策

*

重庆大学出版社出版发行
出版人:易树平
社址:重庆市沙坪坝区大学城西路 21 号
邮编:401331
电话:(023)88617190 88617185(中小学)
传真:(023)88617186 88617166
网址:http://www.cqup.com.cn
邮箱:fxk@cqup.com.cn(营销中心)
全国新华书店经销
重庆升光电力印务有限公司印刷

*

开本:787mm×1092mm 1/16 印张:8 字数:100 千
2018 年 7 月第 1 版 2018 年 7 月第 1 次印刷
ISBN 978-7-5689-1098-9 定价:38.00 元

前　言

随着现代科技的快速发展,各种大型工程越来越多,而用现行弹性理论(材料力学、弹性力学、结构力学)设计的大型构件存在安全隐患。现行弹性理论适合于解决细长杆的问题,对于大型构件的设计存在理论缺陷。各种大型工程设计也采用有限元分析法,但是有限元分析法是建立在现行弹性理论基础之上的,理论缺陷仍不可避免,因此,不能准确解决坍塌和断裂问题。国内外大型工程的坍塌和断裂,大部分都认定为设计、材料和施工问题。作者研究发现,现行弹性理论的缺陷主要体现在:作用在单位面积上力矩的极限(应矩)恒等于零。作者证明:外力作用的应矩不恒等于零,单元体上还有应矩这个新物理量。由于应矩的客观存在改变了弹性力学应力应变方程的数量,有了"应力"的概念,弹性理论的矛盾就迎刃而解;否则,如拉伸的直杆其上质点不能平衡、轴扭转不平衡、梁弯曲不平衡。剪应力使圆轴扭转的平面假设不存在、轴扭转剪应力破坏了牛顿第三定律、现行弹性理论不能保证解的唯一性等。非零应矩弹性理论全面修正了现行弹性理论,指出按照现行弹性理论设计的大型工程和构件,存在安全隐患。为了验证"非零应矩弹性理论"的正确性,作者在清华大学、哈尔滨工业大学、攀枝花学院等高校进行了多方面的实验,所有实验数据显示理论值与实验值很接近,误差很小,证明非零应矩弹性理论的正确性,而现按照行弹性理论分析值与实验值误差很大。为便于设计和研究者应用,作者将完成的实验整理出版,供读者参考和研究使用。

限于作者水平及现有实验条件的限制,书中错误恐难避免,希望广大读者给予批评指正,共同为弹性力学理论的发展做出贡献,不尽感谢!

著　者

2018 年 1 月

目 录

第 **1** 章
"非零应矩弹性理论"主要内容

第 1 节：修正了现行弹性理论认定，应矩（作用在单位面积上力矩的极限）恒为零为非零。

现行弹性理论的极限为

$$\lim_{\Delta A \to 0} \frac{\Delta M}{\Delta A} = m = 0$$

非零应矩弹性理论的极限为

$$\lim_{\Delta A \to 0} \frac{\Delta M}{\Delta A} = m_\alpha \, (m_\alpha \neq 0) \tag{1}$$

第 2 节：得出力学新物理量，即扭应矩 m_n 和弯应矩 m_w。

第 3 节：由实验创建扭转定律 $m_n = G_n \nu_n$（实验详见本书第 4 章），并得出新的扭转弹性模量 G_n（不同于剪切弹性模量 G）。式中 ν_n 为扭转角应变。

第 4 节：由实验创建弯曲定律[2] $m_w = G_w \varepsilon$，并得出新的弯曲弹性模量 G_w（不同于拉伸弹性模量）。式中，ε 为弯曲线应变。

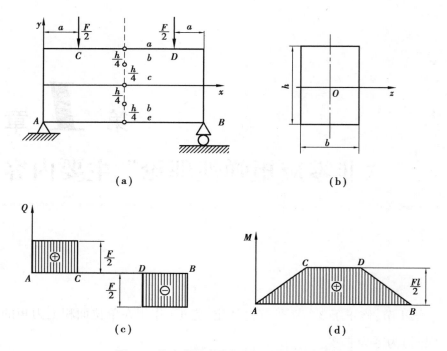

图 4.1 纯弯曲梁弯应矩与线应变关系实验

1.实验设计:哈尔滨工业大学材料力学实验室

狭梁的纯弯曲实验,如图 4.1(a)、(b)所示,梁长 $L = 540$ mm,宽 $b = 6$ mm,高 $h = 30$ mm,加外力 P 均分在 C、D 点上,力臂 $l = 210$ mm,材料为 45 钢,$E = 2.07 \times 10^{11} \text{N/m}^2$。其剪力图如图 4.1(c)所示,可见 CD 段无剪应力,是纯弯曲,且 $\dfrac{h}{b} = \dfrac{30}{6} = \dfrac{5}{1}$,为狭梁。用电阻应变仪测量梁的中间 $\dfrac{L}{2}$ 处最外表面 a、b、c、d、e 各对称点的线应变,其数据见表 4.1。

表 4.1　所加载荷与所产生线应变关系测量数据

实验顺序	所加载荷 F /kg	测量点的线应变值 $\varepsilon \times 10^{-6}$				
		a	b	c	d	e
1	5	−28.0	−13.0	0	13.0	28
2	15	−84.0	−41	0	41	84
3	25	−139	−68	1	68	139
4	35	−194	−97	1	96	194
5	45	−249	−123	1	123	249
平均	加载附加值 $\Delta F = 10$	−55.5	−27.5	1	27.5	55.3

2.数据分析及结论

根据表 4.1 测量数据进行计算分析,找出外力 F 与线应变 ε 间的关系。

(1)分析 a 点的外力 F 与线应变 ε 间的关系

$$\frac{F_1}{\varepsilon_1} = \frac{5}{-28 \times 10^{-6}} = -179 \times 10^3$$

$$\frac{F_2}{\varepsilon_2} = \frac{15}{-84 \times 10^{-6}} = -179 \times 10^3$$

$$\frac{F_3}{\varepsilon_3} = \frac{25}{-139 \times 10^{-6}} = -180 \times 10^3$$

$$\frac{F_4}{\varepsilon_4} = \frac{35}{-194 \times 10^{-6}} = -180 \times 10^3$$

$$\frac{F_5}{\varepsilon_5} = \frac{45}{-249 \times 10^{-6}} = -180 \times 10^3$$

由 a 点的数据分析得出

$$\frac{F_1}{\varepsilon_1} = \frac{F_2}{\varepsilon_2} = \frac{F_3}{\varepsilon_3} = \frac{F_4}{\varepsilon_4} = \frac{F_5}{\varepsilon_5} \qquad (a)$$

即外力与线应变成正比。

（2）分析 b 点的外力 F 与线应变 ε 间的关系

$$\frac{F_1}{\varepsilon_1} = \frac{5}{-13 \times 10^{-6}} = -385 \times 10^3$$

$$\frac{F_2}{\varepsilon_2} = \frac{15}{-41 \times 10^3} = -366 \times 10^3$$

$$\frac{F_3}{\varepsilon_3} = \frac{25}{-68 \times 10^{-6}} = -368 \times 10^3$$

$$\frac{F_4}{\varepsilon_4} = \frac{35}{-97 \times 10^{-6}} = -365 \times 10^3$$

$$\frac{F_5}{\varepsilon_5} = \frac{45}{-123 \times 10^{-6}} = -366 \times 10^3$$

可见此处仍存在外力与线应变成正比，即

$$\frac{F_1}{\varepsilon_1} = \frac{F_2}{\varepsilon_2} = \frac{F_3}{\varepsilon_3} = \frac{F_4}{\varepsilon_4} = \frac{F_5}{\varepsilon_5} \qquad (a')$$

同理，分析 d、e 点也存在上述关系。c 点是中性轴上的点，线应变应为零，故不能用 c 点找规律。

由弯矩

$$M = \frac{Fa}{2}$$

可得
$$F = \frac{2M}{a} \qquad (b)$$

将式（b）代入式（a）可得

$$\frac{M_1}{\varepsilon_1} = \frac{M_2}{\varepsilon_2} = \frac{M_3}{\varepsilon_3} = \frac{M_4}{\varepsilon_4} = \frac{M_5}{\varepsilon_5} \qquad (c)$$

式(c)表明:纯弯曲横截面(中性面除外)上任一点的线应变与力矩成正比,即

$$M = G'_w \varepsilon \qquad\qquad (d)$$

式中,G'_w 为比例常数。

而横截面上产生的弯矩等于外力矩,$M_w = M$,故式(d)为

$$M_w = G'_w \varepsilon \qquad\qquad (d')$$

设横截面上点 a(或任意点)的弯应矩为 m_w,由式(d′)可得

$$m_w = G_w \varepsilon \qquad\qquad (4.1)$$

式中,G_w 为弯曲弹性模量。

式(4.1)即为弯曲定律:"在弹性限度内纯弯曲时,任一点的弯应矩与其线应变成正比。"

弯曲定律表明一个新的概念:不仅力能使物体伸长和缩短(直线变形),弯应矩同样能使物体伸长或缩短(曲线变形)。由于纯扭转和纯弯曲体内没有应力,因此,可得出物理新概念:应矩(扭应矩、弯应矩)和应力一样也是物体变形和破坏的原因,应矩是和应力并列的新物理量。

第5节:由应力和应矩共同作用下的单元体平衡,推导出6个平衡微分方程[2],比现行弹性理论[1]增加了3个平衡微分方程。

$$\frac{\partial \sigma_x}{\partial x} + \frac{\partial \tau_{yx}}{\partial y} + \frac{\partial \tau_{zx}}{\partial z} + f_x = 0 \qquad\qquad (5.1a)^*$$

$$\frac{\partial \tau_{xy}}{\partial x} + \frac{\partial \sigma_y}{\partial y} + \frac{\partial \tau_{zy}}{\partial z} + f_y = 0 \qquad\qquad (5.1b)^*$$

$$\frac{\partial \tau_{xz}}{\partial x} + \frac{\partial \tau_{yz}}{\partial y} + \frac{\partial \sigma_z}{\partial z} + f_z = 0 \qquad\qquad (5.1c)^*$$

$$\tau_{yz} - \tau_{zy} + \left(\frac{\partial m_{xx}}{\partial x} + \frac{\partial m_{yx}}{\partial y} + \frac{\partial m_{zx}}{\partial z} \right) = 0 \qquad\qquad (5.2a)^*$$

$$\tau_{xy} - \tau_{yx} + \left(\frac{\partial m_{xz}}{\partial x} + \frac{\partial m_{yz}}{\partial y} + \frac{\partial m_{zz}}{\partial z} \right) = 0 \qquad (5.2b)^*$$

$$\tau_{zx} - \tau_{xz} + \left(\frac{\partial m_{xy}}{\partial x} + \frac{\partial m_{yy}}{\partial y} + \frac{\partial m_{zy}}{\partial z} \right) = 0 \qquad (5.2c)^*$$

应力应矩综合平衡微分方程

$$\frac{\partial \sigma_x}{\partial x} + \frac{\partial \tau_{zx}}{\partial z} + \frac{\partial}{\partial y} \left(\tau_{xy} + \frac{\partial m_{xz}}{\partial x} + \frac{\partial m_{yz}}{\partial y} + \frac{\partial m_{zz}}{\partial z} \right) + f_x = 0 \qquad (5.3a)^*$$

$$\frac{\partial \sigma_y}{\partial y} + \frac{\partial \tau_{xy}}{\partial x} + \frac{\partial}{\partial z} \left(\tau_{yz} + \frac{\partial m_{xx}}{\partial x} + \frac{\partial m_{yx}}{\partial y} + \frac{\partial m_{zx}}{\partial z} \right) + f_y = 0 \qquad (5.3b)^*$$

$$\frac{\partial \sigma_z}{\partial z} + \frac{\partial \tau_{yz}}{\partial y} + \frac{\partial}{\partial x} \left(\tau_{zx} + \frac{\partial m_{xy}}{\partial x} + \frac{\partial m_{yy}}{\partial y} + \frac{\partial m_{zy}}{\partial z} \right) + f_z = 0 \qquad (5.3c)^*$$

$$\frac{\partial \sigma_x}{\partial x} + \frac{\partial \tau_{yx}}{\partial y} + \frac{\partial}{\partial z} \left(\tau_{xz} - \frac{\partial m_{xy}}{\partial x} - \frac{\partial m_{yy}}{\partial y} - \frac{\partial m_{zy}}{\partial z} \right) + f_x = 0 \qquad (5.4a)^*$$

$$\frac{\partial \sigma_y}{\partial y} + \frac{\partial \tau_{zy}}{\partial z} + \frac{\partial}{\partial x} \left(\tau_{yx} - \frac{\partial m_{xz}}{\partial x} - \frac{\partial m_{yz}}{\partial y} - \frac{\partial m_{zz}}{\partial z} \right) + f_y = 0 \qquad (5.4b)^*$$

$$\frac{\partial \sigma_z}{\partial z} + \frac{\partial \tau_{xz}}{\partial x} + \frac{\partial}{\partial y} \left(\tau_{zy} - \frac{\partial m_{xx}}{\partial x} - \frac{\partial m_{yx}}{\partial y} - \frac{\partial m_{zx}}{\partial z} \right) + f_z = 0 \qquad (5.4c)^*$$

式中,m_{xx}、m_{yy}、m_{zz}、m_{xy}、m_{yz}、m_{zx}…分别为 x、y、z 轴的扭应矩和弯应矩。

第 6 节:由平衡微分方程直接得出扭转和弯曲不存在剪应力互等定理[4]。

梁内不存在剪应力互等定理的证明:

受集中载荷作用的简支梁内有弯应矩 m_{xz} 作用,且横截面内有剪应力 τ_{xy}。下面从应力应矩平衡微分方程中求解纵截面剪应力。

由式(5.2b)*

$$\tau_{xy} - \tau_{yx} + \frac{\partial m_{xz}}{\partial x} + \frac{\partial m_{yz}}{\partial y} + \frac{\partial m_{zz}}{\partial z} = 0$$

右侧面的应力和应矩值为

$$m_{yz} = 0, m_{zz} = 0, \tau_{xy} = -\frac{Q(x)}{|S_z|}y, \frac{\partial m_{xz}}{\partial x} = \frac{\partial M(x)}{\partial x}\frac{y}{|S_z|}$$

把以上数据代入式(5.2b)*得

$$-\frac{Q(x)}{|S_z|}y - \tau_{yx} + \frac{\partial}{\partial x}\left(\frac{M(x)}{|S_z|}y\right) + 0 + 0 = 0$$

即

$$\tau_{yx} = -\frac{Q(x)}{|S_z|}y + \frac{Q(x)}{|S_z|}y = 0$$

上式进一步证明梁的纵截面上无剪应力,也表明梁内不存在剪应力互等定理。

第 7 节:由单元体斜截面上的应力、应矩推导出 6 个边界条件,比现行弹性理论增加了 3 个应矩的边界条件。

应力的边界条件[1]

$$\overline{X} = \sigma_x l + \tau_{yx} m + \tau_{zx} n \qquad (7.1a)^*$$

$$\overline{Y} = \tau_{xy} l + \sigma_y m + \tau_{zy} n \qquad (7.1b)^*$$

$$\overline{Z} = \tau_{xz} l + \tau_{yz} m + \sigma_z n \qquad (7.1c)^*$$

得出应矩的边界条件[2]

$$\overline{M_x} = m_{xx} l + m_{yx} m + m_{zx} n \qquad (7.2a)^*$$

$$\overline{M_y} = m_{xy} l + m_{yy} m + m_{zy} n \qquad (7.2b)^*$$

$$\overline{M_z} = m_{xz} l + m_{yz} m + m_{zz} n \qquad (7.2c)^*$$

式中,m_{xx}、m_{yy}、m_{zz}、m_{xy}、m_{yz}、m_{zx}…分别为 x、y、z 轴的扭应矩和弯应矩。

第 8 节:非零应矩弹性理论推导出圆轴扭转扭应矩公式[2]为

$$m_\rho = \frac{M_n}{S_0}\rho \qquad (8)$$

式中,形心静矩为 $S_0 = \frac{3}{2}\pi R^3$;M_n 为外加扭矩;ρ 为距圆轴横截面圆心的距离。

第 9 节:最大扭应矩及抗扭截面模量[2]为

由式(8)可知,最大扭应矩作用在圆周上,即 $\rho = R$ 时

$$m_{\max} = \frac{M_{\mathrm{n}}}{S_0 / R} \tag{9.1}$$

设

$$W_{\mathrm{n}} = \frac{S_0}{R} \tag{9.2}$$

则有

$$m_{\max} = \frac{M_{\mathrm{n}}}{W_{\mathrm{n}}} \tag{9.3}$$

式中,W_{n} 称为抗扭截面模量,W_{n} 越大则抗扭转的能力越强,因此,也可称为抗扭强度。

对于实心圆轴

$$W_{\mathrm{n}} = \frac{2}{3}\pi R^2 = \frac{\pi}{6}D^2 \tag{9.4}$$

对于空心圆轴

$$W_{\mathrm{n}} = \frac{2\pi}{3}R^2(1 - \alpha^3) = \frac{\pi}{6}D^2(1 - \alpha^3) \tag{9.5}$$

实心圆轴最大扭应矩

$$m_{\max} = \frac{3M_{\mathrm{n}}}{2\pi R^2} = 1.5\overline{m} \tag{9.6}$$

由式(9.6)可知,最大扭应矩是平均扭应矩 $\overline{m}$ 的 1.5 倍。

第 10 节:新理论推导出有两个自由端的绝对扭转角新公式[2]为

$$\varphi = \frac{M_{\mathrm{n}}}{G_{\mathrm{n}}S_0}x \tag{10.1}$$

式中,x 为点到轴心的距离。坐标设立在不转动的中性面上,相对于中性

面的为绝对扭转角。另一端自由变形的绝对扭转角公式为

$$\varphi = \frac{M_n L}{G_n S_0} \qquad (10.2)$$

式中,L 为杆长。

第 11 节:建立了圆轴扭转强度条件为

$$m_{max} = \frac{M_{max}}{W_n} \leqslant [m_n] \qquad (11.1)$$

式中,W_n 为抗扭截面模量

$$W_n = \frac{\pi D^2}{6}$$

$[m_n]$ 为材料强度的许用扭应矩。

则应矩理论的实心圆轴直径设计公式

$$D_m \geqslant \sqrt{\frac{6 M_{max}}{\pi [m_n]}} \qquad (11.2)$$

第 12 节:用现行应力理论设计出的圆轴直径,都小于应矩理论设计的轴径(这就是轴扭转经常发生断轴事故的原因之一)。两种理论下的轴径当量关系为

$$D_m = D_x \sqrt{\frac{3G}{8G_n} D_x} = D_x^{3/2} \sqrt{\frac{3G}{8G_n}} \qquad (12)$$

第 13 节:圆轴扭转安全的临界直径

由两种理论下因轴扭转直径的公式,推导出应力理论的安全临界直径。

对于中碳钢:$D_\tau^* = 10$ mm。

公式表明:用现行理论设计的碳素钢圆轴,其直径 $D_\tau < 10$ mm 时是安全的,$D_\tau > 10$ mm 是不安全的,必须用新理论设计才能保证其安全。

第 14 节:建立了应矩理论下圆轴扭转的刚度条件。

（1）两个自由端面的刚度条件

$$\vartheta = \frac{M_n}{2G_n S_0} \leqslant [\vartheta_0] \qquad (14.1)$$

式中　ϑ——单位长度绝对扭转角。

　　$[\vartheta_0]$——单位长度许用扭转角。

应矩理论设计的轴径为

$$D_n \geqslant \sqrt[3]{\frac{6M_n \times 180}{G_n \pi^2 [\vartheta_n]}} \qquad (14.2)$$

（2）一个自由变形端的圆轴绝对扭转角

$$\vartheta_n = \frac{M_n}{G_n S_0} \leqslant [\vartheta_n] \qquad (14.3)$$

设计轴的直径为

$$D_n \geqslant \sqrt[3]{\frac{12M_n \times 180}{G_n \pi^2 [\vartheta_n]}} \qquad (14.4)$$

第 15 节：狭梁弯曲横截面上的弯应矩为

$$m_w = \frac{M(x)}{|S_z|} y \qquad (15)$$

式中　$|S_z|$——对中性轴的绝对静矩,它没有负值,通过形心的绝对静

　　　矩也不为零。

$|S_z| = \dfrac{hb^2}{4}$——竖放梁的绝对静矩；

$|S_z| = \dfrac{D^3}{6}$——圆形梁的绝对静矩。

第 16 节：产生相同线应变时,拉伸正应力与弯应矩间的当量关系为

$$m_w = \sigma \times 10^{-2} m \qquad (16)$$

第 17 节：应矩理论下的抗弯截面模量为

$$w_{m} = \frac{|S_z|}{y_{max}} \qquad (17)$$

式中　y_{max}——距梁中性轴的最大距离。

第 18 节:梁的应矩强度计算。

梁的强度条件[2]为

$$m_{max} = \frac{M_{max}}{W_w} \leqslant [m_w] \qquad (18)$$

式中　$[m_w]$——梁的许用弯应矩。

第 19 节:应力理论保证梁安全的临界尺寸。

矩形碳素钢梁保证其安全强度的临界尺寸为

$$h = 30 \text{ mm} \qquad (19.1)$$

上式表明现行弹性理论设计出的钢结构梁,其高度小于 30 mm 矩形梁是安全的,大于 30 mm 的钢梁都是不安全的。

碳素钢圆梁的临界尺寸:

$$D^* = 34 \text{ mm} \qquad (19.2)$$

第 20 节:受垂直荷载的梁的剪应力分布规律[2]。

$$\tau_{xy} = \frac{\vartheta(x)}{|S_z|} y \qquad (20)$$

式中:y 为梁横截面上点到中性轴 Z 的距离。由公式可见:应矩理论下梁的剪应力分布与现行弹性理论完全相反,表明梁的上下表面上的点同时有弯应矩和剪应力的组合作用,而梁的中性轴上没有剪应力和弯应矩作用。因此,箱形梁和圆筒梁是梁最合理的结构。

第 21 节:剪应力互等定理使梁内的部分体不能保持平衡,而平衡是弹性理论的根基。

如图 21.1(a)所示为受力偶 M 作用的简支梁,其剪力图如图 21.1(b)

所示,弯矩图如图 21.1(c)所示。在中性面 o—o 上,用垂直 x 轴的两个平面 o—a 和 o—b 截取部分体(aboo),ab 长度满足圣文南原理的要求。根据弹性理论加上作用力,其左端受到正应力 σ_1 和剪应力 τ 作用,右端受到 σ_2 和 τ 作用,中性面上由剪应力互等定理有 $\tau_0 = \tau$ 的剪应力。如图 21.1(e)所示,σ_1、σ_2 形成拉力,τ_0 形成剪力。不需要计算,明显可见部分体(aboo)不平衡,将向(-x)方向运动,因为 σ_1、σ_2 和 τ_0 都为(-x)方向,显然,这不符合实际。

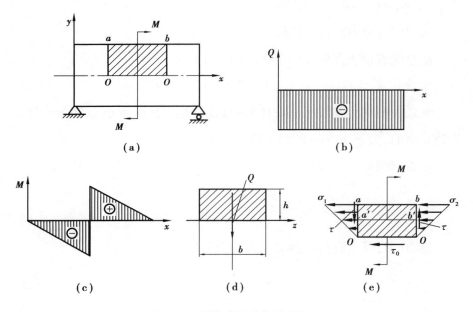

图 21.1　梁弯曲部分体受力不平

第 22 节:应矩理论圆满解决了弯曲不平衡问题。

梁的不平衡问题,可以用应矩理论得到圆满的解决。把图 21.1(e)所示单元体上的应力理论受力图,用图 22.1(d)的应矩理论受力图来表示。

用右手定则确定弯矩沿 z 坐标的方向(规定的正弯矩的方向,与设定的坐标轴 oxyz 的方向不一定一致)。为了计算方便,设力偶矩的作用点 C

在梁中间,部分体的长、宽、高分别为 $\dfrac{l}{4}$、b、$\dfrac{h}{2}$,作用在梁上的外力偶 M,其剪力方程和弯矩方程分别为

$$Q(x) = -\frac{M}{l} \quad (0 < x < l)$$

$$M(x_1) = -\frac{M}{l}x \quad \left(0 \leqslant x < \frac{l}{2}\right)$$

$$M(x_2) = \frac{M}{l}(l - x) \quad \left(\frac{l}{2} < x \leqslant l\right)$$

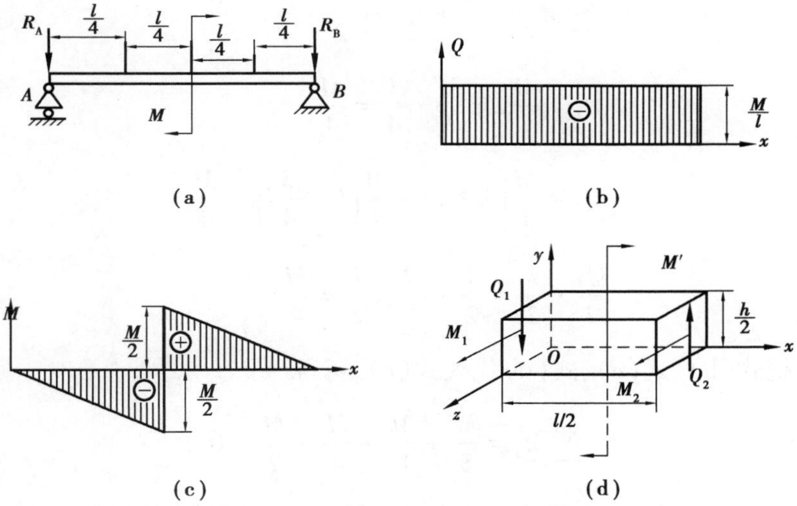

图 22.1 应矩理论解决弯曲不平衡问题

$M(x_1)$ 为负值表示图形向上凸,不表示与 z 轴相反。

作用在部分体 $\left(\dfrac{l}{2} \times b \times \dfrac{h}{2}\right)$ 上的力偶矩为

$$M' = \frac{M}{2}$$

由图 22.1(b)所示的剪力图可知

$$|Q_1| = |Q_2|$$

上半个单元体平衡方程为

$$\sum x = 0$$

$$\sum y = Q_1 - Q_2 = 0$$

$$\sum z = 0$$

$$\sum M_x = + Q_1 \frac{b}{2} - Q_2 \frac{b}{2} = 0$$

$$\sum M_y = 0$$

$$\sum M_z = \frac{M_1}{2} + \frac{M_2}{2} + \frac{Q_2}{2} \cdot \frac{l}{2} - \frac{M}{2} \tag{a}$$

而

$$M_1 = \frac{M}{l} x = \frac{M}{l} \cdot \frac{l}{4} = \frac{M}{4} \tag{b}$$

$$M_2 = \frac{M}{l}(l - x) = \frac{M}{l}\left(l - \frac{3}{4}l\right) = \frac{M}{4} \tag{c}$$

且

$$\frac{Q_2}{2} \cdot \frac{l}{2} = \frac{1}{2} \cdot \frac{M}{l} \cdot \frac{l}{2} = \frac{M}{4} \tag{d}$$

把式（b）、式（c）、式（d）代入式（a），可得

$$\sum M_z = \frac{M}{8} + \frac{M}{8} + \frac{M}{4} - \frac{M}{2} = 0$$

以上平衡方程表明，应矩理论解决了梁的不平衡问题，证明了应矩理论的正确性。

第 23 节：应矩理论下梁的挠曲线微分方程[2]。

$$\frac{dy^2}{dx^2} = \frac{M(x)}{G_w |S_z|} \tag{23}$$

现行理论下的挠曲线微分方程[5]为

$$\frac{dy^2}{dx^2} = \frac{M(x)}{EI}$$

1.悬臂梁

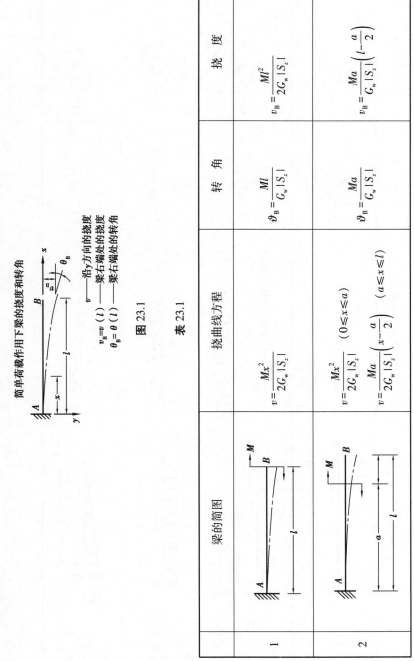

简单荷载作用下梁的挠度和转角

v——沿y方向的挠度

$v_B = v(l)$——梁右端处的挠度

$\theta_B = \theta(l)$——梁右端处的转角

图 23.1

表 23.1

序号	梁的简图	挠曲线方程	转 角	挠 度
1		$v=\dfrac{Mx^2}{2G_w|S_z|}$	$\vartheta_B=\dfrac{Ml}{G_w|S_z|}$	$v_B=\dfrac{Ml^2}{2G_w|S_z|}$
2		$v=\dfrac{Mx^2}{2G_w|S_z|}$ $(0\le x\le a)$ $v=\dfrac{Ma}{2G_w|S_z|}\left(x-\dfrac{a}{2}\right)$ $(a\le x\le l)$	$\vartheta_B=\dfrac{Ma}{G_w|S_z|}$	$v_B=\dfrac{Ma}{G_w|S_z|}\left(l-\dfrac{a}{2}\right)$

续表

序号	梁的简图	挠曲线方程	转角	挠度
3		$v=\dfrac{px^2}{6G_w\mid S_z\mid}(3l-x)$	$\vartheta_B=\dfrac{pl^2}{2G_w\mid S_z\mid}$	$v_B=\dfrac{pl^2}{3G_w\mid S_z\mid}$
4		$v=\dfrac{px^2}{6G_w\mid S_z\mid}(3a-x)\quad(0\leqslant x\leqslant a)$ $v=\dfrac{pa^2}{6G_w\mid S_z\mid}(3x-a)\quad(a\leqslant x\leqslant l)$	$\vartheta_B=\dfrac{pa^2}{2G_w\mid S_z\mid}$	$v_B=\dfrac{pa^2}{6G_w\mid S_z\mid}(3l-a)$
5		$v=\dfrac{qx^2}{24G_w\mid S_z\mid}(x^2-4lx+6l^2)$	$\vartheta_B=\dfrac{ql^3}{6G_w\mid S_z\mid}$	$v_B=\dfrac{ql^4}{8G_w\mid S_z\mid}$
6		$v=\dfrac{q_0x^2}{120G_w\mid S_z\mid l}(10l^3-4lx+6l^2)$	$\vartheta_B=\dfrac{q_0l^3}{24G_w\mid S_z\mid}$	$v_B=\dfrac{q_0l^4}{30G_w\mid S_z\mid}$

2.简支梁

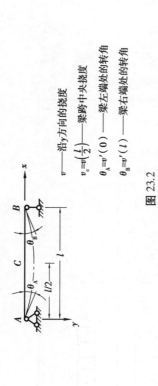

v——沿 y 方向的挠度

$v_c=v\left(\dfrac{l}{2}\right)$——梁跨中央挠度

$\theta_A=v'(0)$——梁左端处的转角

$\theta_B=v'(l)$——梁右端处的转角

图 23.2

表 23.2

序号	梁的简图	挠曲线方程	转 角	挠 度
7		$v=\dfrac{Mx}{6G_w\lvert S_z\rvert l}(l-x)(2l-x)$	$\vartheta_A=\dfrac{Ml}{3G_w\lvert S_z\rvert}$ $\vartheta_B=-\dfrac{Ml}{6G_w\lvert S_z\rvert}$	$v_c=\dfrac{Ml^2}{16G_w\lvert S_z\rvert l}$ $x_0=\left(1-\dfrac{1}{\sqrt3}\right)l$ 时, $v_{\max}=v(x_0)$ $=\dfrac{Ml^2}{9\sqrt3 G_w\lvert S_z\rvert}$

续表

梁的简图	挠曲线方程	转角	挠度
	$v=\dfrac{Mx}{6G_w|S_z|l}(l^2-x^2)$	$\vartheta_A=\dfrac{Ml}{6G_w|S_z|}$ $\vartheta_B=\dfrac{Ml}{3G_w|S_z|}$	$v_c=\dfrac{Ml^2}{16G_w|S_z|l}$ $x_0=\dfrac{l}{\sqrt{3}}$时, $v_{max}=v(x_0)$ $=\dfrac{Ml^2}{9\sqrt{3}G_w|S_z|}$
	$v=\dfrac{Mx}{6G_w|S_z|l}(l^2-3b^2-x^2)$ $(0\le x\le a)$ $v=\dfrac{M}{6G_w|S_z|l}[-x^3+3l(x-a)^2+(l^2-3b^2)x]$ $(a\le x\le l)$	$\vartheta_A=\dfrac{Ml}{6G_w|S_z|l}(l^2-3b^2)$ $\vartheta_B=\dfrac{M}{6G_w|S_z|l}(l^2-3a^2)$	当 $a=b=l/2$ 时, $v_c=0$
	$v=\dfrac{qx}{24G_w|S_z|l}(l^3-2lx^2+x^3)$	$\vartheta_A=\dfrac{ql^3}{24G_w|S_z|}$ $\vartheta_B=\dfrac{ql^3}{24G_w|S_z|}$	$v_c=\dfrac{5ql^4}{384G_w|S_z|l}$

8

9

10

序号	图	挠曲线方程	转角	挠度
11		$v=\dfrac{q_0 x}{360 G_w |S_z| l}(7l^4-10l^2 x^2+3x^4)$	$\vartheta_A=\dfrac{7q_0 l^3}{360 G_w |S_z|}$ $\vartheta_B=-\dfrac{q_0 l^3}{45 G_w |S_z|}$	$v_c=\dfrac{5q_0 l^4}{768 G_w |S_z|}$ $x_0=0.519l$ 时， $v_{max}=v(x_0)$ $=\dfrac{5.01q_0 l^4}{768 G_w |S_z|}$
12		$v=\dfrac{Px}{48 G_w |S_z| l}(3l^2-4x^2)$ $\left(0\leq x\leq \dfrac{l}{2}\right)$	$\vartheta_A=\dfrac{Pl^2}{16 G_w |S_z|}$ $\vartheta_B=-\dfrac{Pl^2}{16 G_w |S_z|}$	$v_c=\dfrac{Pl^3}{48 G_w |S_z|}$
13		$v=\dfrac{Pbx}{48 G_w |S_z| l}(l^2-x^2-b^2)$ $(0\leq x\leq a)$ $v=\dfrac{Pb}{6G_w |S_z| l}\left[\dfrac{l}{b}(x-a)^3+(l^2-b^2)x-x^3\right]$ $(a\leq x\leq l)$	$\vartheta_A=\dfrac{Pab(l+b)}{6G_w |S_z| l}$ $\vartheta_B=-\dfrac{Pab(l+a)}{6G_w |S_z| l}$	设 $a>b$ $v_c=\dfrac{Pb(3l^2-4b^2)}{48 G_w |S_z|}$ $x_0=\sqrt{\dfrac{l^2-b^2}{3}}$ 时， $v_{max}=v(x_0)$ $=\dfrac{Pb(l^2-b^2)^{3/2}}{9\sqrt{3} G_w |S_z| l}$

3.应力理论下的悬臂梁和简支梁的挠度和转角公式

表 23.3　悬臂梁两种理论下的变形公式比较

	梁的简图	挠曲线方程	转　角	挠　度
1		$v=\dfrac{Mx^2}{2EI}$	$\vartheta_B=\dfrac{ML}{EI}$	$v_B=\dfrac{ML^2}{2EI}$
2		$v=\dfrac{Mx^2}{2EI}\quad(0\leq x\leq a)$ $v=\dfrac{Ma}{2EI}\left(x-\dfrac{a}{2}\right)\quad(a\leq x\leq l)$	$\vartheta_B=\dfrac{Ma}{EI}$	$v_B=\dfrac{Ma}{EI}\left(l-\dfrac{a}{2}\right)$
3		$v=\dfrac{px^2}{6EI}(3l-x)$	$\vartheta_B=\dfrac{pl^2}{2EI}$	$v_B=\dfrac{pl^2}{3EI}$
4		$v=\dfrac{px^2}{6EI}(3a-x)\quad(0\leq x\leq a)$ $v=\dfrac{pa^2}{6EI}(3x-a)\quad(a\leq x\leq l)$	$\vartheta_B=\dfrac{pa^2}{2EI}$	$v_B=\dfrac{pa^2}{6EI}(3l-a)$

5	 *A* ⫶⫶ *q* → → → → *B*, *l*	$v=\dfrac{qx^2}{24EI}(x^2-4lx+6l^2)$	$\vartheta_{\mathrm{B}}=\dfrac{ql^3}{6EI}$	$v_{\mathrm{B}}=\dfrac{ql^4}{8EI}$
6	q_0 *A* ⫶⫶ → → → *B*, *l*	$v=\dfrac{q_0x^2}{120EIl}(10l^3-4lx+6l^2)$	$\vartheta_{\mathrm{B}}=\dfrac{q_0l^3}{24EI}$	$v_{\mathrm{B}}=\dfrac{q_0l^4}{30EI}$

4.简支梁

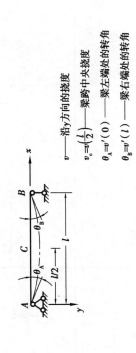

v ——沿 y 方向的挠度

$v_{\mathrm{c}}=v\left(\dfrac{l}{2}\right)$ ——梁跨中央挠度

$\theta_{\mathrm{A}}=v'(0)$ ——梁左端处的转角

$\theta_{\mathrm{B}}=v'(l)$ ——梁右端处的转角

	梁的简图	挠曲线方程	转角	挠度
7		$v = \dfrac{Mx}{6EIl}(l-x)(2l-x)$	$\vartheta_A = \dfrac{Ml}{3EI}$ $\vartheta_B = -\dfrac{Ml}{6EI}$	$v_c = \dfrac{Ml^2}{16EI}$ $x_0 = \left(1-\dfrac{1}{\sqrt{3}}\right)l$ 时， $v_{max} = v(x_0) = \dfrac{Ml^2}{9\sqrt{3}EI}$
8		$v = \dfrac{Mx}{6EIl}(l^2 - x^2)$	$\vartheta_A = \dfrac{Ml}{6EI}$ $\vartheta_B = -\dfrac{Ml}{3EI}$	$v_c = \dfrac{Ml^2}{16EI}$ $x_0 = \dfrac{l}{\sqrt{3}}$ 时， $v_{max} = v(x_0) = \dfrac{Ml^2}{9\sqrt{3}EI}$
9		$v = \dfrac{Mx}{6EIl}(l^2 - 3b^2 - x^2)$ $(0 \le x \le a)$ $v = \dfrac{M}{6EIl}\left[-x^3 + 3l(x-a)^2 + (l^2 - 3b^2)x\right]$ $(a \le x \le l)$	$\vartheta_A = \dfrac{Ml}{6EIl}(l^2 - 3b^2)$ $\vartheta_B = \dfrac{M}{6EIl}(l^2 - 3a^2)$	当 $a = b = l/2$ 时，$v_c = 0$

10		$v = \frac{qx}{24EI}(l^3 - 2lx^2 + x^3)$	$\vartheta_A = \frac{ql^3}{24EI}$ $\vartheta_B = -\frac{ql^3}{24EI}$ $v_c = \frac{5ql^4}{384EI}$
11		$v = \frac{q_0 x}{360EIl}(7l^4 - 10l^2 x^2 + 3x^4)$	$\vartheta_A = \frac{7q_0 l^3}{360EI}$ $\vartheta_B = -\frac{q_0 l^3}{45EI}$ $v_c = \frac{5q_0 l^4}{768EI}$, $x_0 = 0.519l$ 时, $v_{max} = v(x_0) = \frac{5.01 q_0 l^4}{768EI}$
12		$v = \frac{Px}{48EI}(3l^2 - 4x^2)\left(0 \le x \le \frac{l}{2}\right)$	$\vartheta_A = \frac{Pl^2}{16EI}$ $\vartheta_B = -\frac{Pl^2}{16EI}$ $v_c = \frac{Pl^3}{48EI}$
13		$v = \frac{Pbx}{48EIl}(l^2 - x^2 - b^2)\ (0 \le x \le a)$ $v = \frac{Pb}{6EIl}\left[\frac{l}{b}(x-a)^3 + (l^2 - b^2)x - x^3\right]\ (a \le x \le l)$	$\vartheta_A = \frac{Pab(l+b)}{6EIl}$ $\vartheta_B = -\frac{Pab(l+a)}{6EIl}$ 设 $a > b$ $v_c = \frac{Pb(3l^2 - 4b^2)}{48EI}$, $x_0 = \sqrt{\frac{l^2 - b^2}{3}}$ 时, $v_{max} = v(x_0) = \frac{Pb(l^2 - b^2)^{3/2}}{9\sqrt{3}EIl}$

23

第 24 节:应力理论计算的梁,保证其刚度的临界尺寸。

矩形梁的临界尺寸为:$h^* = 30$ mm;圆梁的临界尺寸直径 $D^* = 34$ mm。

第 25 节:梁弯曲应矩理论的弹性变形能[2]。

(1)梁弯曲单位变形能

$$\left.\begin{aligned}
u_{xz} &= \frac{m_{xz}M_{xz}}{2G_{\mathrm{w}}|S_z|} = \frac{M_{xz}^2}{2G_{\mathrm{w}}|S_z|^2}y = \frac{m_{xz}^2}{2G_{\mathrm{w}}}y \\[6pt]
u_{xy} &= \frac{m_{xy}M_{xy}}{2G_{\mathrm{w}}|S_y|} = \frac{M_{xy}^2}{2G_{\mathrm{w}}|S_y|^2}z = \frac{m_{xy}^2}{2G_{\mathrm{w}}}z \\[6pt]
u_{yx} &= \frac{m_{yx}M_{yx}}{2G_{\mathrm{w}}|S_x|} = \frac{M_{yx}^2}{2G_{\mathrm{w}}|S_x|^2}z = \frac{m_{yx}^2}{2G_{\mathrm{w}}}z \\[6pt]
u_{yz} &= \frac{m_{yz}M_{yz}}{2G_{\mathrm{w}}|S_z|} = \frac{M_{yz}^2}{2G_{\mathrm{w}}|S_z|^2}x = \frac{m_{yz}^2}{2G_{\mathrm{w}}}x \\[6pt]
u_{zx} &= \frac{m_{zx}M_{zx}}{2G_{\mathrm{w}}|S_x|} = \frac{M_{zx}^2}{2G_{\mathrm{w}}|S_x|^2}y = \frac{m_{zx}^2}{2G_{\mathrm{w}}}y \\[6pt]
u_{zy} &= \frac{m_{zy}M_{zy}}{2G_{\mathrm{w}}|S_y|} = \frac{M_{zy}^2}{2G_{\mathrm{w}}|S_y|^2}x = \frac{m_{zy}^2}{2G_{\mathrm{w}}}x
\end{aligned}\right\} \quad (25.1)$$

(2)梁弯曲总变形能

$$U_{xz} = \iiint_v \frac{M_{xz}^2}{2G_{\mathrm{w}}|S_z|^2}y\,\mathrm{d}x\mathrm{d}y\mathrm{d}z$$

$$= \frac{M_{xz}^2 l_x}{2G_{\mathrm{w}}|S_z|^2}|S_z|$$

$$= \frac{M_{xz}^2 l_x}{2G_{\mathrm{w}}|S_z|}$$

同理可以求得

$$
\left.
\begin{aligned}
U_{xy} &= \frac{M_{xy}^2 l_x}{2G_w |S_y|} \\[2ex]
U_{yx} &= \frac{M_{yx}^2 l_y}{2G_w |S_x|} \\[2ex]
U_{yz} &= \frac{M_{yz}^2 l_y}{2G_w |S_z|} \\[2ex]
U_{zx} &= \frac{M_{zx}^2 l_z}{2G_w |S_x|} \\[2ex]
U_{zy} &= \frac{M_{zy}^2 l_z}{2G_w |S_y|}
\end{aligned}
\right\}
\tag{25.2}
$$

第 26 节：正应力和弯应矩共同作用下广义线应变定律

$$
\varepsilon_x^* = \frac{1}{E}\left[\sigma_x - \mu(\sigma_y + \sigma_z)\right] + \frac{1}{G_w}(m_{xy} + m_{xz}) \tag{26a}
$$

$$
\varepsilon_y^* = \frac{1}{E}\left[\sigma_y - \mu(\sigma_x + \sigma_z)\right] + \frac{1}{G_w}(m_{yx} + m_{yz}) \tag{26b}
$$

$$
\varepsilon_z^* = \frac{1}{E}\left[\sigma_z - \mu(\sigma_x + \sigma_y)\right] + \frac{1}{G_w}(m_{zx} + m_{zy}) \tag{26c}
$$

第 27 节：剪应力和扭应矩共同作用下广义角应变定律

$$
\gamma_{xy}^* = \gamma_{yx}^* = \left|\frac{\tau_{xy}}{G}\right| \pm \left|\frac{m_{zz}}{G_n}\right| \tag{27a}
$$

$$
\gamma_{yz}^* = \gamma_{zy}^* = \left|\frac{\tau_{yz}}{G}\right| \pm \left|\frac{m_{xx}}{G_n}\right| \tag{27b}
$$

$$
\gamma_{xz}^* = \gamma_{zx}^* = \left|\frac{\tau_{xz}}{G}\right| \pm \left|\frac{m_{yy}}{G_n}\right| \tag{27c}
$$

上式就是剪力和扭矩共同作用下同一平面的广义角应变定律。

当剪力产生的扭矩矢量方向与扭应矩矢量方向（指向或离开作用面）相反时，取"－"号；相同时，取"＋"号。

25

第 28 节:单元体平衡与质点平衡不等价。

(1)等直杆拉伸其斜面上的应力现行公式:

$$\sigma_\alpha = P_\alpha \cos \alpha = \sigma_0 \cos^2 \alpha$$

$$\tau_\alpha = P_\alpha \sin \alpha = \sigma_0 \cos \alpha \sin \alpha = \frac{\sigma_0}{2} \sin 2\alpha$$

式中:σ_0 为等直杆横截面上的正应力。σ_α 为斜截面上的正应力。

上式只是保证部分单元体平衡的公式,不是保证斜面上质点平衡的公式。要保证斜面上任意质点平衡的应力为

$$\sigma'_\alpha = \sigma_0 \cos \alpha \qquad \tau'_\alpha = \sigma_0 \sin \alpha \qquad (28.1)$$

(2)纯剪切应力状态下,作用在单元体上的剪应力 τ,不能保证其上质点的平衡,保证质点平衡的应力为

$$\sigma'_\alpha = \sqrt{\tau^2 + \tau^2} = \sqrt{2}\ \tau \qquad (28.2)$$

(3)二向纯拉伸应力状态下,其上质点不能处于平衡,其质点平衡应力为

$$\sigma'_\alpha = \sqrt{\sigma_x^2 + \sigma_y^2} \qquad (28.3)$$

二向等应力拉伸时,质点平衡应力为

$$\sigma'_\alpha = \sqrt{2}\,\sigma$$

(4)二向拉伸-剪切组合应力状态下

$$\sigma'_\alpha = \sqrt{(\sigma_x + \tau)^2 + \tau^2} = \sqrt{\sigma_x^2 + 2\sigma_x \tau + 2\tau^2} \qquad (28.4)$$

该式就是拉伸-剪切组合作用下质点平衡应力。用该式建立的强度条件为[2]

$$\sigma'_\alpha = \sqrt{(\sigma_x + \tau)^2 + \tau^2} = \sqrt{\sigma_x^2 + 2\sigma_x \tau + 2\tau^2} \leqslant [\sigma] \qquad (28.5)$$

新强度公式不同于用单元体平衡推导的第三、第四强度理论公式。

$$\sqrt{\sigma^2 + 4\tau^2} \leqslant [\sigma]$$

$$\sqrt{\sigma^2 + 3\,\tau^2} \leqslant [\sigma]$$

式中,$[\sigma]$为材料的许用拉应力。新拉伸-剪切公式圆满地解释了现行弹性理论无法解决的拉伸-剪切比压缩-剪切更容易破坏的现象。这就找到了大型构件(如桥梁、动力轴)坍塌、破坏的原因。特别是作用在梁上的剪应力的最大值不是在中性轴处,而是在梁的表面,则梁表面受到最大弯应矩和最大剪应力的组合作用。这要比经典理论梁表面受到单一应力的作用更容易破坏。

第 29 节:三向应力状态作用下质点平衡应力及屈服和断裂分析。

三向应力状态作用下质点平衡应力,用主应力表示为

$$\sigma^* = \sqrt{X_M^2 + Y_M^2 + Z_M^2}$$

$$= \sqrt{(\tau_{yx} + \tau_{zx} + \sigma_x)^2 + (\tau_{xy} + \tau_{zy} + \sigma_y)^2 + (\tau_{xz} + \tau_{yz} + \sigma_z)^2}$$

$$(29.1)$$

$$\sigma^* = \sqrt{\sigma_1^2 + \sigma_2^2 + \sigma_3^2} \tag{29.2}$$

而现行弹性理论三向应力状态的相当应力为

$$\sigma_{xd} = \sqrt{\frac{1}{2}\left[(\sigma_1 - \sigma_2)^2 + (\sigma_2 - \sigma_3)^2 + (\sigma_3 - \sigma_1)^2\right]} \leqslant [\sigma]$$

$$(29.3)$$

当三向等应力拉伸时,上式相当应力 $\sigma_{xd} = 0$。说明无论强度多么小的物体,三向等应力拉伸都不会被破坏。这完全不符合实际,暴露了现行强度理论的缺陷。

而用质点平衡应力计算三向等应力状态为

$$\sigma^* = \sqrt{\sigma_1^2 + \sigma_2^2 + \sigma_3^2} \tag{29.4}$$

$$\sigma_1 = \sigma_2 = \sigma_3 = \sigma$$

质点平衡应力为

$$\sigma^* = \sqrt{3}\,\sigma \neq 0 \qquad (29.5)$$

该式表明:受三个互相垂直方向等应力拉伸的正方体,不论多大的等应力拉伸都不会被破坏的结论所推翻。其质点平衡应力是简单拉伸时应力的$\sqrt{3}$倍。两种结论显然相反。质点平衡应力断裂条件为

$$\sigma_s = \sqrt{3}\,\sigma = \sigma_s$$

$$\sigma_s^* = \frac{\sigma_s}{\sqrt{3}} = 0.58\sigma_s \qquad (29.6)$$

上式表明:受三向等值拉应力状态作用时,只要单向拉应力都达到材料屈服极限的58%就会断裂。对于脆性材料(强度极限为σ_b):

$$\sigma_b^* = 0.58\delta_b \qquad (29.7)$$

当$\sigma_3 = 0$,为平面应力状态,且$\sigma_1 = \sigma_2 = \sigma$时,应力理论公式变为

$$\sigma_{xd} = \sqrt{\frac{1}{2}(0 + \sigma^2 + \sigma^2)} = \sigma$$

上式表明:正方体受二向等应力拉伸时,与简单拉伸时受到的应力完全相同。而新概念弹性理论则认为,二向应力状态质点所受到的平衡应力,由平衡应力公式来确定,即

$$\sigma^* = \sqrt{2}\,\sigma$$

断裂条件为

$$\sqrt{2}\,\sigma = \sigma_s$$

即

$$\sigma = \frac{\sigma_s}{\sqrt{2}} = 0.71\sigma_s \qquad (29.8)$$

式$\sigma^* = \sqrt{2}\,\sigma$表明:正方体用二向等应力拉伸,其体内所受的拉应力为简单拉伸的$\sqrt{2}$倍。上式表明:二向等应力拉伸时,只要达到屈服极限的71%时,就出现断裂。此结论被清华大学破坏力学国家重点实验室,所

做二向等应力拉伸破坏实验所完全证实。其实验误差只有 2.3%。详见本书第 10 章。

第 30 节:质点平衡应力、扭矩和弯应矩共同作用下,总变形比能强度理论。

(1)三向主应力状态下,应变比能为

$$u_{\sigma_3}^* = \frac{(\sigma^*)^2}{2E} = \frac{\sigma_1^2 + \sigma_2^2 + \sigma_3^2}{2E} \tag{30.1.a}$$

二向主应力状态下,应变比能为

$$u_{\sigma_2} = \frac{\sigma_1^2 + \sigma_2^2}{E} \tag{30.1.b}$$

单向应力状态下:

$$u_{\sigma_1} = \frac{\sigma^2}{E} \tag{30.1.c}$$

(2)三向扭转最大应变比能为

$$u_n^* = \frac{1}{2G_n}\left(\frac{M_{nx}^2}{S_{xo}^2} R_{yz} + \frac{M_{ny}^2}{S_{yo}^2} R_{xz} + \frac{M_{nz}^2}{S_{zo}^2} R_{xy} \right) \tag{30.2.a}$$

单向扭转最大应变比能为

$$u_n^* = \frac{M_n^2}{S_o^2} R \tag{30.2.b}$$

式中,S_{xo}、S_{yo}、S_{zo} 分别为垂直 X、Y、Z 轴平面的形心静矩。

(3)三向弯曲应变比能为

$$u_w = \frac{1}{2G_w}\left(\frac{M_{xz}^2}{|S_z|^2} y_{max} + \frac{M_{xy}^2}{|S_y|^2} z_{max} + \frac{M_{yx}^2}{|S_x|^2} z_{max} + \right.$$

$$\left. \frac{M_{yz}^2}{|S_z|^2} x_{max} + \frac{M_{zx}^2}{|S_x|^2} y_{max} + \frac{M_{zy}^2}{|S_y|^2} x_{max} \right) \tag{30.3}$$

式中,$|S_x|$、$|S_y|$、$|S_z|$ 分别为对 X、Y、Z 轴所在平面的绝对静矩。

（4）质点平衡应力、扭矩和弯矩共同作用下,塑性材料应变比能强度条件为

$$u_{\sigma m} = u_{\sigma}^* + u_n + u_w \leqslant \frac{u_s}{n} = [u_s] \qquad (30.4)$$

式中,u_{σ}^*、u_n、u_w 分别为应力、扭矩、弯矩产生的单位变形能。

（5）质点平衡应力、扭矩、弯矩共同作用下,脆性材料的应变比能强度条件为

$$u_{\sigma m} = u_{\sigma}^* + u_n + u_w \leqslant \frac{u_b}{n} = [u_b] \qquad (30.5)$$

（6）单向拉伸屈服单位变形能

$$u_s = \frac{\sigma_s^2}{2E} \qquad (30.6)$$

低碳钢 Q235,$u_s = 1.15 \times 10^5$ Nm/m^3。

（7）对于脆性材料拉伸强度极限单位变形能为

$$u_b = \frac{\sigma_b^2}{2E} \qquad (30.7)$$

第 31 节:普通碳素钢纯拉伸正应力和弯应矩之间的当量关系。

$$m_w = \sigma \times 10^{-2} (\text{N/m}) \qquad (31.1)$$

$$\sigma = m_w \times 10^2 (\text{N/m}^2) \qquad (31.2)$$

当量关系的意义:弯应矩产生的线应变和正应力产生的线应变相等时,两者数量上的关系。

第 32 节:拉伸、扭转和弯曲共同作用下强度和刚度近似计算法。

（1）把扭应矩转换成当量剪应力:当角应变 $\gamma_\tau = \gamma_n = \gamma$ 时,

$$\gamma = \frac{\tau}{G} = \frac{m_n}{G_n}$$

$$\tau = \frac{G}{G_n} m_n \qquad (32)$$

上式为扭应矩与剪应力间的当量关系。

对于中碳钢的当量式为

$$\tau = 3.5 \times 10^2 m_n \quad (\text{N}/\text{m}^2)$$

（2）把弯应矩转换成当量正应力

$$\sigma = m_w \times 10^2 \quad (\text{N}/\text{m}^2)$$

第33节：圆轴作加速扭转时扭应矩公式为

$$m_{max} = \frac{M_d}{W_n} = \frac{I\varepsilon}{\pi D^2/6} = \frac{6I\varepsilon}{\pi D^2} \tag{33}$$

式中　　D——轴直径；

　　　　I——轴的转动惯量；

　　　　ε——轴扭转角加速度。

第34节：杆件受横向冲击载荷作用时,应矩理论下的动荷系数为

$$k_{dm} = 1 + \sqrt{1 + \frac{2h}{\Delta_{jm}}} \tag{34}$$

式中　　h——荷载距杆件的高度；

　　　　Δ_{jm}——应矩理论的梁中点的挠度。

$$\Delta_{jm} = \frac{p_d l^3}{48 G_w |S_z|}$$

第35节：受迫振动时应矩理论下简支梁中点的最大限度挠度为

$$\Delta_{mst} = \frac{Q l^3}{48 G_w |S_z|} \tag{35}$$

式中　　Q——梁中点受到的最大载荷。

第36节：梁受迫振动应矩理论下的固有频率。

$$\omega_m = \sqrt{\frac{g}{\Delta_{mst}}} \quad \text{rat}/\text{s} \tag{36}$$

式中　　g——重力加速度；

Δ_{mst}——梁变形的最大挠度。

梁受迫振动时应力理论下的固有频率[6]：

$$\omega_{\sigma} = \sqrt{\dfrac{g}{\Delta_{\sigma st}}} \quad \text{rat/s}$$

第 37 节：应矩理论下细长压杆稳定的临界力公式。

$$F_{ljm} = \dfrac{\pi^2 G_w \, |S_z|}{(\mu l)^2} \tag{37}$$

式中　G_w——弯曲弹性模量；

　　　$|S_z|$——杆件绝对静矩；

　　　l——杆长；

　　　μ——杆长度系数。

第 38 节：应矩理论下压杆稳定临界应力公式为

$$\sigma_{ljm} = \dfrac{F_{lj}}{A} = \dfrac{\pi^2 G_w}{(\mu l)^2} \dfrac{|S_z|}{A} \tag{38}$$

式中　A——压杆的横截面面积；

　　　F_{lj}——沿压杆轴向所加外力。

第 39 节：应矩理论下压杆稳定的惯性半径为

$$i_m^2 = \dfrac{|S_z|}{A} \tag{39}$$

第 40 节：应矩理论下压杆稳定的柔度为

$$\lambda_m = \dfrac{\mu l}{i_m} \tag{40}$$

第 41 节：应矩理论下压杆稳定的临界柔度为

$$\lambda_{pm} \geqslant \pi \sqrt{\dfrac{G_w}{\sigma_p}} \tag{41}$$

式中　σ_p——材料的比例极限。

第 42 节:低碳钢圆形压杆稳定柔度的临界直径为

$$D = 34 \text{ mm} \tag{42.1}$$

低碳钢方形压杆稳定柔度的临界边长为

$$a = 30 \text{ mm} \tag{42.2}$$

大于临界直径的压杆,欧拉公式都不能使用,因为它已不是细长杆。

第 43 节:Q_{235} 钢圆形压杆,应矩理论的判别柔度为

$$\lambda_m = 10 \tag{43}$$

应力理论的判别柔度 $\lambda_\sigma = 100$

第 44 节:应矩理论的压杆稳定折减系数法。

$$\frac{p}{\varphi_m A} < f \tag{44}$$

$$\varphi_m = \frac{\pi^2 G_w}{n_{lj} [\sigma]_{lj}} \cdot \frac{1}{\lambda_m^2}$$

上式可见,φ_m 是 λ_m 的函数,即 $\varphi_m = f(\lambda_m)$,故可绘制出应矩理论的曲线或制成新折减系数表以便使用。

式中　p——轴心压力;

　　　A——压杆的毛截面面积;

　　　f——材料抗压设计值。

第 45 节:等幅对称交变应力下构件的疲劳强度计算。

(1)非零应矩弹性理论认定引起金属疲劳的根本原因不是弯曲正应力,而是弯应矩造成的,其弯应矩的公式为

$$m_w = \frac{Mr}{|S_z|} \sin \omega t \tag{45.1}$$

式中　r——轴的半径;

　　　ω——角速度;

　　　t——时间。

对称循环弯曲交变应矩强度条件为

$$n_{\mathrm{w}} = \frac{m_{\mathrm{w-1}}}{\dfrac{k_{\mathrm{w}}}{\varepsilon_{\mathrm{w}}\beta}m_{\mathrm{wmax}}} \geqslant n \qquad (45.2)$$

式中　n_{w}——新弯曲理论下计算出的应矩的安全系数；

　　　n——设计要求的安全系数；

　　　$m_{\mathrm{w-1}}$——对称循环下材料弯应矩持久极限；

　　　k_{w}——对称循环下构件有效应力集中系数；

　　　ε_{w}——弯曲尺寸系数；

　　　β——构件表面尺寸系数；

　　　m_{wmax}——构件所受最大弯应矩。

对称循环新扭转交变强度条件为

$$n_{\mathrm{n}} = \frac{m_{\mathrm{n-1}}}{\dfrac{k_{\mathrm{n}}}{\varepsilon_{\mathrm{n}}\beta}m_{\mathrm{nmax}}} \geqslant n \qquad (45.3)$$

式中　n_{n}——新扭转理论下计算出的扭应矩的安全系数；

　　　n——设计要求的安全系数；

　　　$m_{\mathrm{n-1}}$——对称循环下材料扭应矩持久极限；

　　　k_{n}——扭转有效应力集中系数；

　　　ε_{n}——扭转尺寸系数；

　　　β——构件表面尺寸系数；

　　　m_{nmax}——构件所受最大扭应矩。

(2)应力理论下对称循环交变应力构件工作安全系数 n_{σ} 为

$$n_{\sigma} = \frac{(\sigma_{-1})_{\mathrm{d}}}{\sigma_{\mathrm{a}}} = \frac{\sigma_{-1}}{\dfrac{K_{\sigma}}{\varepsilon_{\sigma}\beta}\sigma_{\mathrm{a}}}$$

因此，对称循环交变应力疲劳强度条件为

$$n_\sigma = \frac{\sigma_{-1}}{\dfrac{K_\sigma}{\varepsilon_\sigma \beta} \sigma_a} \geqslant n$$

类似地,在扭转情况下,对称循环交变应力的疲劳强度条件为

$$n_\tau = \frac{\tau_{-1}}{\dfrac{K_\sigma}{\varepsilon_\sigma \beta} \tau_a} \geqslant n$$

第 46 节:等幅非对称循环交变应力下构件的疲劳强度。

应力理论交变弯曲正应力作用下安全系数计算公式

$$n_\sigma = \frac{\sigma_{-1}}{\dfrac{k_\sigma}{\varepsilon_\sigma \beta} \sigma_a + \psi_\sigma \sigma_m}$$

等幅非对称循环交变扭转剪应力作用下的工作安全系数计算公式为

$$n_\tau = \frac{\tau_{-1}}{\dfrac{k_\tau}{\varepsilon_\tau \beta} \tau_a + \psi_\tau \tau_m}$$

应矩理论下的安全系数计算公式与应力理论下的公式形式上完全相同,只是把正应力换成弯应矩,把剪应力换成扭应矩,其公式为

$$n_w = \frac{m_{w-1}}{\dfrac{k_w}{\varepsilon_w \beta} m_{wa} + \psi_w m_{wm}} \qquad (46.1)$$

$$n_n = \frac{m_{n-1}}{\dfrac{k_n}{\varepsilon_n \beta} m_{na} + \psi_n m_{nm}} \qquad (46.2)$$

式中:ψ_σ、ψ_τ、ψ_w、ψ_n 为非对称循环敏感系数。m_{wm}、m_{nm} 为扭转持久极限和弯曲持久极限。

第 47 节:弯曲与扭转组合等幅交变应力下构件的疲劳强度计算

实验表明,在弯曲和扭转组合等幅同步对称交变应矩下,应力理论推

导出疲劳工作安全系数的计算公式为

$$n_{\sigma\tau} = \frac{n_\sigma n_\tau}{\sqrt{n_\sigma^2 + n_\tau^2}} \tag{47.1}$$

应矩理论是弯应矩取代正应力,扭应矩取代剪应力,类比上式可得

$$n_{wn} = \frac{n_w n_n}{\sqrt{n_w^2 + n_n^2}} \tag{47.2}$$

第 2 章
应矩理论解决现行弹性
理论无法解决的平衡问题

第 1 节　圆轴扭转不平衡实例

受平衡力偶 m 作用的圆轴如图 2.1(a)所示,用一假想平面,沿直径 d 剖开成上下两个半圆柱体,研究下半个圆柱体($ABCD$)的平衡,则纵截面上由于剪应力互等定理[1,2]有 τ 存在,其方向和分布规律如图 2.1(b)所示。纵截面($OO'CD$)上剪应力的合力与纵截面($OO'BA$)上剪应力的合力组成对 y 轴的力矩,因为两端(AD)和(BC)没有应力作用,找不到与之相平衡的力矩,则半圆柱($ABCD$)将绕 Y 轴顺时针转动,上半个圆柱体绕 Y 轴逆时转动,这不符合实际。应矩理论能解决此不平衡问题[3],"左 $m/2 =$ 右 $m/2$"。

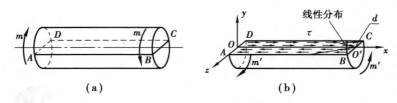

图 2.1　圆轴扭转不平衡实例

第 2 节　弯曲部分体不平衡实例

受相等相反力偶共同作用而平衡的矩形梁(不计重力),其弯矩图如图 2.2(c)所示。矩形梁为纯弯曲。假想地把梁沿中性面剖开成上下两部分,再用垂直 X 轴的平面(nn),把梁切成左右两部分,即梁被切成四个部分,则此四部分都不能处于平衡。以左段上下两部分为例。其梁的受力图如图 2.2(d)、(e)所示。明显可见左上 1/4 部分体的横截面(nn)上有压应力组成的压力[4,5](不需要计算),其方向是 X 轴负方向,而梁左端面上没有作用力。因此,没有与之平衡的力,则此部分体将沿 X 轴负方向运动。左下部分体受拉应力组成的拉力也不能平衡。同理,右边两个部分体也不能平衡。不平衡是弹性理论的根本错误。非零应矩弹性理论圆满地解决了此平衡问题:左 $m/2$ = 右 $m/2$。

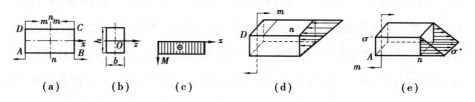

图 2.2　纯弯曲部分体不平衡实例

第 3 节　直杆拉伸斜截面上的任意点不平衡

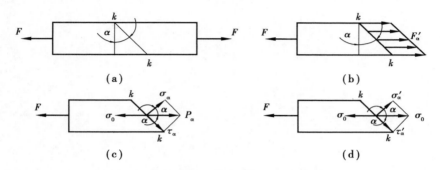

图 2.3　等直杆拉伸斜截面上的应力

等直杆拉伸由单元体平衡,推导出斜截面上的应力为

$$\sigma_\alpha = P_\alpha \cos \alpha = \sigma_0 \cos^2 \alpha \tag{2.1}$$

$$\tau_\alpha = P_\alpha \sin \alpha = \sigma_0 \cos \alpha \sin \alpha = \frac{\sigma_0}{2} \sin 2\alpha \tag{2.2}$$

斜截面上的这两个应力只能保证部分单元体的平衡,不能保证斜截面上任意点的平衡

$$\sigma_{0右} = \sqrt{\sigma_\alpha^2 + \tau_\alpha^2} = \sqrt{(\sigma_0 \cos^2 \alpha)^2 + (\sigma_0 \cos \alpha \sin \alpha)^2} = \sigma_0 \cos \alpha \neq \sigma_{0左} \tag{2.3}$$

保证斜截面上任意点平衡的正应力和剪应力为

$$\sigma_\alpha' = \sigma_0 \cos \alpha \tag{2.4}$$

$$\tau_\alpha' = \sigma_0 \sin \alpha \tag{2.5}$$

上面的应力称为质点平衡应力。它能保证斜面上任意点的平衡

$$\sigma_{0右} = \sqrt{(\sigma_\alpha')^2 + (\tau_\alpha')^2} = \sqrt{(\sigma_0 \cos \alpha)^2 + (\sigma_0 \sin \alpha)^2} = \sigma_{0左} \tag{2.6}$$

因为 $\sigma_{0右} = \sigma_{0左}$,所以质点 a 处于平衡状态。

由于斜截面的角度 α 从 $-90°$ 变到 $+90°$,则整个直杆上的所有点,根据式(2.3)都不能处于平衡。只有根据式(2.6)才能处于平衡。表明了现行弹性理论的错误。

第**3**章
剪切胡克定律与扭转定律的区别

现行弹性理论,如薄壁圆筒扭转实验推导出剪切胡克定律,而非零应矩弹性理论已经证明了扭转没有剪应力。因此,扭转不存在剪切胡克定律。由于扭转变形是扭应矩产生的,因此,存在扭转定律:"在扭应矩不超过其扭转比例极限时,扭应矩与角应变成正比"。

$$m_n = G_n \gamma$$

式中　G_n——新的物理量,扭转弹性模量。量纲为$[\mathrm{N \cdot m/m^2}$,简化为 $\mathrm{N/m}]$。45 号钢 $G_n = 3 \times 10^8 \mathrm{N/m}$

　　　　γ——扭应矩产生的角应变。

现行弹性理论剪切胡克定律 $\tau = G\gamma$,不适用于扭转,而适于纯剪切。

式中　G——剪切弹性模量。

碳素钢 $G = 8 \times 10^{10} \mathrm{N/m^2}$。

第 **4** 章
碳素钢扭转弹性模量 G_n 实验测定

第 1 节　45 号钢扭转弹性模量的实验测定

（1）实验目的

测量扭转弹性模量 G_n 值。

（2）实验场地

哈尔滨工业大学材料力学实验室。

（3）设备及仪器

实验仪器：百分表、游标卡尺、扭转试验机、测 G_n 装置，如图 4.1 所示。

（4）实验原理

利用一端固定，一端可自由变形的圆轴扭转求 G_n 值见图 4.1（a）。

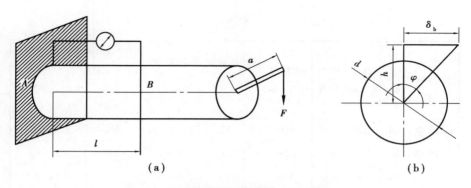

图 4.1 测量扭转弹性模量 G_n 的装置

由绝对扭转角公式 [见《非零应矩弹性理论》第五章第二节公式（5.35）]

$$G_n = \frac{M_n l}{\varphi S_0} \qquad (4.1)$$

可得

$$\varphi = \frac{M_n l}{G_n S_0} \qquad (4.2)$$

取 B 处为测量表面，则 l 为已知。试件直径 d 一定，则横截面形心静矩 S_0 一定，即

$$S_0 = \frac{\pi d^3}{12}$$

由力矩平衡可知：$M_n = M = aF$

由图 4.1（b），扭转角可由下式计算得出

$\tan \varphi = \dfrac{\delta_b}{h}$，由于 φ 角很小，所以 $\varphi = \dfrac{\delta_b}{h}$

式中，$h = 26 \text{ mm}$。

由式（4.2），G_n 值可求得。

（5）实验数据与计算结果（见表 4.1）

表 4.1

序号	实验轴材料	直径 /mm	力臂 a/mm	外力 F/N	扭矩 M_n /(N·m)	百分表数 $d_b \times 10^{-2}$ /mm	扭转角 $\varphi = \dfrac{\delta_b}{h}$	形心静矩 $S_0 = \dfrac{\pi D^3}{12}$ /mm^3	扭转弹性模量 $G_n = \dfrac{M_n l}{\varphi S_0}$ /(N·m^{-1})
1	45 钢	10	100	5.0	500	20.2	7.77×10^{-3}	262	3.13×10^8
2	45 钢	10	100	5.0	500	21.0	8.08×10^{-3}	262	3.01×10^8
3	45 钢	10	100	5.0	500	20.5	7.88×10^{-3}	262	3.08×10^8
4	45 钢	10	100	5.0	500	20.7	7.96×10^{-3}	262	3.05×10^8
平均值 $\overline{G}_n = \dfrac{(3.13+3.01+3.08+3.05) \times 10^8}{4} = 3.06 \times 10^8 \text{N/m}$									
认定扭转弹性模量 $G_n = (3.0 \sim 3.1) \times 10^8 \text{N/m}$									

第 2 节　3 号钢扭转弹性模量实验测定

本数据从低碳钢 Q235 扭转动态数据中,在比例极限内选取的一组数据,见表 4.2。

表 4.2

序号	实验轴材料	试件直径 /mm	试件长度 /mm	加载扭矩 M_n /(N·m)	端面扭转角 φ /弧度	形心静矩 $S_0 = \dfrac{\pi D^3}{12}$ /mm^3	扭转弹性模量 $G_n = \dfrac{M_n l}{\varphi S_0}$ /(N·m^{-1})
1	Q235(3$^{\#}$钢)	10	100	20.08	0.033 6	262	2.27×10^8
2	Q235(3$^{\#}$钢)	10	100	21.01	0.0350	262	2.29×10^8
3	Q235(3$^{\#}$钢)	10	100	22.03	0.036 6	262	2.30×10^8
4	Q235(3$^{\#}$钢)	10	100	23.08	0.038 4	262	2.29×10^8
5	Q235(3$^{\#}$钢)	10	100	24.00	0.039 9	262	2.29×10^8

续表

序号	实验轴材料	试件直径/mm	试件长度/mm	加载扭矩 M_n/(N·m)	端面扭转角 φ/弧度	形心静矩 $S_0 = \dfrac{\pi D^3}{12}$/mm³	扭转弹性模量 $G_n = \dfrac{M_n l}{\varphi S_0}$/(N·m⁻¹)
6	Q235(3#钢)	10	100	25.02	0.041 4	262	2.30×10^8
7	Q235(3#钢)	10	100	25.95	0.043 0	262	2.30×10^8
平均值	$\overline{G}_n = \dfrac{(2.27+2.29+2.30+2.29+2.29+2.30+2.30)\times10^8}{7}$ N/m $G_n = 2.3\times10^8$ N/m						

第 3 节　铸铁的扭转弹性模量实验测定

实验数据及计算结果见表 4.3。

表 4.3

序号	实验轴材料	试件直径/mm	试件长度/mm	加载扭矩 M_n/(N·m)	端面扭转角 φ/弧度	形心静矩 $S_0 = \dfrac{\pi D^3}{12}$/mm³	扭转弹性模量 $G_n = \dfrac{M_n l}{\varphi S_0}$/(N·m⁻¹)
1	HT200	9.72	100	5.036 2	0.018 62	240	1.13×10^8
2	HT200	9.72	100	10.015	0.037 26	240	1.11×10^8
3	HT200	9.72	100	15.052	0.056 49	240	1.11×10^8
4	HT200	9.72	100	20.024	0.076 52	240	1.09×10^8
5	HT200	9.72	100	26.594	0.107 25	240	1.03×10^8
6	HT200	9.72	100	28.049	0.115 38	240	1.01×10^8
7	HT200	9.72	100	29.020	0.120 77	240	1.03×10^8
8	HT200	9.72	100	30.032	0.126 43	240	1.01×10^8
平均值	$\overline{G} = \dfrac{(1.13+1.11+1.11+1.09+1.03+1.01+1.03+1.01)\times10^8}{8} = 1.06\times10^8$ N/m						

第 **5** 章
碳素钢扭转屈服应矩
和扭应矩强度极限的实验测定

（1）实验原理及实验数据

圆轴扭转时,利用扭转试验机的自动绘图器记录出的扭矩 M_n 与转角 φ 间关系的曲线,如图 5.1 所示。

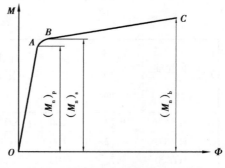

图 5.1　低碳钢圆轴扭转 M_n-φ 曲线

OA 直线为比例极限,其扭矩为扭矩比例极限 $(M_n)_p$。

B 点为屈服极限,其扭矩为扭矩屈服极限 $(M_n)_s$。

C 点为强度极限,其扭矩为扭矩强度极限 $(M_n)_b$。

可以根据图 5.1M_n-φ 曲线和表 5.1 中的低碳钢的扭转实验数据（哈尔滨工程大学在 NJ-100B 型扭转试验机上实验获得）,推导出扭应矩屈服极限 m_s 和扭应矩的强度极限 m_b。

表 5.1　低碳钢、铸铁扭转试验数据

数据＼材料	试件直径/mm	屈服扭矩/(N·m)								平均值/(N·m)	断裂扭矩/(N·m)						屈服应矩 m_{sn} /(N·m^{-1})	断裂应矩 m_{bn} /(N·m^{-1})
低碳钢 Q235	10	38.8	37.0	38.3	42.6	39.0	41.7	39.2	40.1	39.6	85.53						$5×10^5$	$16.3×10^5$
铸铁 HT200	10									45.2	44.5	54.0	42.3	48.0	39.6	42.6		$8.6×10^5$

（2）实验场地

哈尔滨工程大学材料力学实验室。

（3）实验设备

NJ-100B 型扭转实验机。

（4）低碳钢扭应矩的屈服极限实验值

如图 5.2 所示,设试样直径为 d,出现屈服时的扭矩为 $(M_n)_s$,屈服应矩为 m_{sn},在距圆心 O 为 ρ 处画圆环,其外径为 $\rho+\mathrm{d}\rho$,由平衡条件有

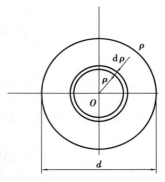

图 5.2　低碳钢扭应矩的
屈服极限计算图

$$(M_n)_s = \iint_A m_{sn}\mathrm{d}A = \int_0^R m_{sn}2\pi\rho\mathrm{d}\rho = \pi R^2 m_{sn}$$

因为屈服是沿整个横截面进行的,故可认为 m_{sn} 为常数,可提到积分符号外,则有

$$m_{sn} = \frac{(M_n)_s}{\pi R^2} = \overline{m} \qquad (5.1)$$

上式说明:屈服扭应矩等于屈服时扭矩的平均应矩。

查表 5.1 并代入数值可得

$$m_{\text{sn}} = \frac{39.6}{\pi(5 \times 10^{-3})^2} = 5 \times 10^5 (\text{N/m})$$

上式即为低碳钢 Q235 的屈服应矩的实验值。

（5）低碳钢的屈服应矩也可以从理论上推导值

材料屈服时,应矩和相当剪应力(不是应力,只是表明产生和扭应矩相同角应变时,相当多大的剪应力)产生的角应变相等,则

$$\gamma_{\text{s}} = \frac{m_{\text{sn}}}{G_{\text{n}}} = \frac{\tau_{\text{s}}}{G}$$

即

$$m_{\text{sn}} = \frac{G_{\text{n}}}{G}\tau_{\text{s}}$$

由于屈服发生在 $\frac{\pi}{4}$ 的斜面上,故

$$\tau_{\text{s}} = \sigma_{\text{s}}\cos\frac{\pi}{4} = \frac{\sqrt{2}}{2}\sigma_{\text{s}}$$

对低碳钢 Q235, $\sigma_{\text{s}} = 235 \times 10^6 \text{N/m}^2$

$$\tau_{\text{s}} = \frac{\sqrt{2}}{2} \times 235 \times 10^6 \text{N/m}^2 \approx 166 \times 10^6 \text{N/m}^2$$

又知:剪切弹性模量 $G = 80 \times 10^9 \text{N/m}$,低碳钢 Q235 的扭转弹性模量 $G_{\text{n}} = 2.3 \times 10^8 \text{N/m}$, 45 号钢弹性模量 $G_{\text{n45}} = 3.1 \times 10^8 \text{N/m}$, 45 号钢的 $\sigma_{\text{s45}} = 353 \text{ MPa}$。(详见本书第 4 章扭转弹性模量 G_{n} 的测定)。

则低碳钢的屈服应矩为

$$m_{\text{s}} = \frac{2.3 \times 10^8}{80 \times 10^9} \times 166 \times 10^6 \text{N/m} \approx 4.77 \times 10^5 \text{N/m} \approx 5 \times 10^5 \text{N/m}$$

45 号钢的扭转屈服极限为

$$m_{\text{s45}} = \frac{3.1 \times 10^8}{80 \times 10^9} \times 353 \times 10^6 \times \frac{\sqrt{2}}{2} \text{N/m} = 9.6 \times 10^5 \text{N/m}$$

对比由实验测出和理论推导出的两个 m_{sn} 可知:

①Q235 低碳钢的屈服应矩实验值与理论值是相同的。

②各种材料的 m_{sn} 应由实验测得,并由式(5.1)进行计算。

有了扭应矩屈服极限后,就可确定许用扭应矩 $[m_n]$ 为

$$[m_n] = \frac{m_s}{n_s}$$

式中,n_s 为按屈服强度确定的安全系数,对于塑性材料的静载荷一般取 $n_s = 1.5 \sim 2.0$,对于脆性材料的动载荷一般取 $n_s = 1.5 \sim 3.5$。

(6)低碳钢扭应矩的强度极限

低碳钢屈服后,经过一段强化,达到强度极限 m_b,其应矩分布不能按平均分布计算,应服从扭转定律计算,即

$$m_{bn} = \frac{(M_n)_b}{W_n} = \frac{(M_n)_b}{\frac{\pi D^2}{6}} = \frac{6(M_n)_b}{\pi D^2}$$

查表 5.1 并代入数值,可求得低碳钢的扭应矩极限强度

$$m_{bn} = \frac{6(M_n)_b}{\pi D^2} = \frac{6 \times 85.53}{3.14 \times (10 \times 10^{-3})^2} \text{ N/m} = 16.3 \times 10^5 \text{N/m}$$

上式即为低碳钢的扭应矩强度极限。

低碳钢的许用扭应矩为

$$[m_b] = \frac{m_b}{n_m}$$

式中,n_m 为扭转安全系数,中、低碳钢取 $n_m = 2 \sim 3.5$。

(7)脆性材料铸铁的扭应矩强度极限

由于铸铁没有屈服阶段,故扭应矩强度极限不能按均匀分布计算,其近似值可按服从扭转定律计算

$$m_{bn} = \frac{(M_n)_b}{W_n} = \frac{(M_n)_b}{\frac{2}{3}\pi R^2} = \frac{3(M_n)_b}{2\pi R^2} = \frac{6(M_n)_b}{\pi D^2}$$

查表 5.1 并代入数值,可求得铸铁 HT200 的扭应矩强度极限

$$m_{bn} = \frac{3(M_n)_b}{2\pi R^2} = \frac{3 \times 45.2}{2 \times 3.14 \times (5 \times 10^{-3})^2} \text{ N/m} = 8.6 \times 10^5 \text{ N/m}$$

铸铁的许用扭应矩为

$$[m_n] = \frac{m_{bn}}{n_b}$$

式中,n_b 为脆性材料的安全系数,一般脆性材料安全系数取得比塑性材料大,取 $n_b = 2.0 \sim 5.0$。

第 **6** 章

弯曲弹性模量的实验测定

（1）实验原理

应力理论认为纯弯曲横截面有正应力，正应力产生线应变；应矩理论认为纯弯曲体内无正应力，而有弯应矩存在，弯应矩产生线应变。下面用实验导出弯应矩与线应变之间的关系。

（2）实验场地

哈尔滨工业大学材料力学实验室。

（3）实验数据

狭梁的纯弯曲实验，如图 6.1（a）、（b）所示，梁长 $L = 540$ mm，宽 $b = 6$ mm，高 $h = 30$ mm，加外力 P 均分在 C、D 点上，力臂 $l = 210$ mm，材料为 45 钢，$E = 2.07 \times 10^{11}$ N/m^2。其剪力图如 6.1（c）所示，可见 CD 段无剪应力，是纯弯曲，且 $\dfrac{h}{b} = \dfrac{30}{6} = \dfrac{5}{1}$，为狭梁。用电阻应变仪测量梁的中间 $\dfrac{L}{2}$ 处最外表面 a、b、c、d、e 各对称点的线应变，其数据见表 6.1。

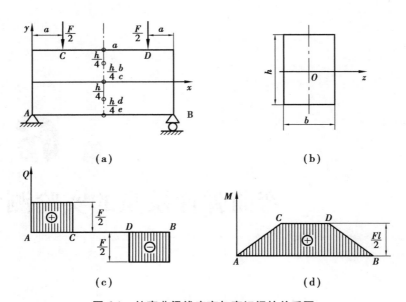

图 6.1 纯弯曲梁线应变与弯矩间的关系图

表 6.1 所加载荷与所产生线应变关系测量数据

实验顺序	所加载荷 F/kg	测量点的线应变值 $\varepsilon \times 10^{-6}$				
		a	b	c	d	e
1	5	−28.0	−13.0	0	13.0	28
2	15	−84.0	−41	0	41	84
3	25	−139	−68	1	68	139
4	35	−194	−97	1	96	194
5	45	−249	−123	1	123	249
平均	$\Delta F = 10$	−55.5	−27.5	1	27.5	55.3

（4）实验计算

狭梁应矩分布如图 6.1（d）所示，则矩形截面的最大弯应矩［见"非零应矩弹性理论"公式（6.20）］

$$m_{\max} = 2\frac{M}{bh} = 2\overline{m} \qquad (6.1)$$

式中，bh 为矩形梁横截面积，则 $\dfrac{M}{hb} = \overline{m}$，$\overline{m}$ 为平均应矩。

坐标设在中性轴上,则梁的 $\dfrac{h}{2}$ 处,有最大的线应变 $\varepsilon_{\max}$ 及最大弯应矩

$$m_{\max} = G_{\mathrm{w}}\varepsilon_{\max}$$

由上式和式(6.1)可得

$$G_{\mathrm{w}} = \frac{m_{\max}}{\varepsilon_{\max}} = \frac{2\overline{m}}{\varepsilon_{\max}} \qquad\qquad *$$

这里采用最大线应变和最大弯应矩来求弯曲弹性模量 G_{w},是为了保证测量的准确性。因此,取图 6.1(a)中狭梁的最高点 a 和最低点 e 进行计算(中性轴处 m 和 ε 都为零,愈靠近它,测量愈不准确)。其测量数据见表 6.1,取载荷 $F = 10$ kg,则

$$m_{\max} = 2\overline{m} = 2\frac{\dfrac{1}{2}Fa}{bh} = \frac{Fa}{bh} = \frac{10 \times 9.8 \times 210 \times 10^{-3}}{6 \times 10^{-3} \times 30 \times 10^{-3}}\ \mathrm{N/m} = 1.14 \times 10^{5}\mathrm{N/m}$$

查表 6.1 可得,当 $\Delta F = 10$ kg 时,a 点的线应变平均值为 $\varepsilon_{a} = 55.5\times10^{-6}$,$e$ 点的线应变平均值 $\varepsilon_{e} = 55.3\times10^{-6}$,代入式(6.1)可得

$$G_{\mathrm{wa}} = \frac{2\overline{m}}{\varepsilon_{\max}} = \frac{1.14 \times 10^{5}}{55.5 \times 10^{-6}}\ \mathrm{N/m} = 2.05 \times 10^{9}\mathrm{N/m} \qquad (\text{a})$$

$$G_{\mathrm{we}} = \frac{2\overline{m}}{\varepsilon_{\max}} = \frac{1.14 \times 10^{5}}{55.3 \times 10^{-6}}\ \mathrm{N/m} = 2.06 \times 10^{9}\mathrm{N/m} \qquad (\text{b})$$

弯曲弹性模量 G_{w} 与拉伸弹性模量 E、剪切弹性模量 G、扭转弹性模量 G_{n},是弹性理论重要的 4 个物理量,见表 6.2。

表 6.2　碳素钢 4 种弹性模量值

拉伸弹性模量 $E/(\mathrm{N}\cdot\mathrm{m}^{-2})$	剪切弹性模量 $G/(\mathrm{N}\cdot\mathrm{m}^{-2})$	弯曲弹性模量 $G_{\mathrm{w}}/(\mathrm{N}\cdot\mathrm{m}^{-1})$	扭转弹性模量(中碳钢) $G_{\mathrm{n}}/(\mathrm{N}\cdot\mathrm{m}^{-1})$
2×10^{11}	8×10^{10}	2×10^{9}	3×10^{8}

53

第 **7** 章
纯拉伸正应力与弯应矩间的关系

①拉伸胡克定律 $\sigma = E\varepsilon$，应力是沿横截面均匀分布的，普通碳素钢

$$E = (2.0 \sim 2.1) \times 10^{11} \text{N/m}^2$$

②弯曲定律 $m_{\text{w}} = G_{\text{w}}\varepsilon$，弯应矩是从中性轴开始线性分布的，普通碳素钢弯曲弹性模量

$$G_{\text{w}} = (2.0 \sim 2.1) \times 10^{9} \text{N/m}$$

当弯曲线应变 ε 与拉伸线应变 ε 相等时，即

$$\varepsilon = \frac{\sigma}{E} = \frac{m_{\text{w}}}{G_{\text{w}}}$$

则对于普通碳素钢有

$$\frac{\sigma}{m_{\text{w}}} = \frac{E}{G_{\text{w}}} = \frac{2 \times 10^{11} \text{N/m}^2}{2 \times 10^{9} \text{N/m}} = 10^{2} \text{m}^{-1}$$

由上式可得

$$\sigma = m_{\text{w}} \times 10^{2} \text{m}^{-1} \tag{7.1}$$

$$m_{\text{w}} = \sigma \times 10^{-2} \text{m} \tag{7.2}$$

　　由以上可以得出,对于碳素钢产生相同线应变时,在数值上应力是弯应矩的 100 倍。上式表示碳素钢的应力应矩量值关系,简称矩力当量式。

　　注意:应力和应矩的量纲是不相同的,因此,计算弯应矩时要把长度量纲代入公式中。

第 **8** 章
用拉伸胡克定律直接导出
材料弯曲时弯应矩极限

有了(7.2)式及材料力学实验得到的应力应变曲线,就可以确定材料(碳素钢)在弯曲时的应矩比例极限和应矩弹性极限。

①应矩的弹性极限为

$$m_e = \sigma_e \times 10^{-2} \text{m}$$

②应矩的比例极限为

$$m_p = \sigma_p \times 10^{-2} \text{m} \tag{8.1}$$

碳素钢 $\sigma_e \approx \sigma_p = 200 \times 10^6 \text{N/m}^2$,代入上式得

$$m_{ew} \approx m_{pw} = 200 \times 10^6 \times 10^{-2} \text{N/m} = 2 \times 10^6 \text{N/m}$$

③碳素钢的屈服极限为

$$\sigma_s = (216 \sim 275) \text{MPa}$$

由 σ-ε 曲线可以看出 σ_s 在比例线的最高点上,可以近似看成线性关系,故应矩的屈服极限可用式(8.1)求近似值,即

$$m_{sw} = \sigma_s \times 10^{-2} = (216 \sim 275) \times 10^6 \times 10^{-2}$$

$$= (2.16 \sim 2.75) \times 10^{6} \text{N/m} \qquad (\text{a})$$

45 号钢的屈服极限 $\sigma_s = 350$ MPa,则碳素钢的屈服应矩为

$$m_{sw} = 350 \times 10^{6} \times 10^{-2} \text{N/m} = 3.5 \times 10^{6} \text{N/m} \qquad (\text{b})$$

④碳素钢应矩的强度极限。

由于强度极限已在弹性限度之外,故不能使用拉伸胡克定律,只有用实验来求得弯矩强度极限 m_b。

实验方法:用薄壁管做纯弯曲实验,如图 8.1 所示。

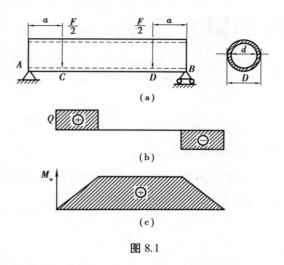

图 8.1

设钢管内径为 r,外径为 R,力臂为 a,断裂时所加外力为 F_{max}。由剪力图 8.1(b)和弯矩图 8.1(c)可知,CD 段为纯弯曲。由于它是薄壁管,所以可认为应矩在横截面是均匀分布,则断裂时弯应矩强度极限为

$$m_b = \frac{\dfrac{Fa}{2}}{\dfrac{\pi(D^2 - d^2)}{4}} = \frac{2Fa}{\pi(D^2 - d^2)} \qquad (8.2)$$

上式就是求强度极限 m_b 的实验公式。

第 **9** 章
载荷集度、剪力、弯矩、
弯应矩间的微分关系

①弯矩与剪应力间的微分关系：

设作用在梁内的弯矩为 $M(x)$、剪力为 $Q(x)$、梁上的集度为 $q(x)$。材料力学已证明,弯矩与剪应力的关系为

$$\frac{\mathrm{d}M(x)}{\mathrm{d}x} = Q(x) \qquad (9.1)^*$$

②剪应力与荷载集度间的微分关系为

$$\frac{\mathrm{d}Q(x)}{\mathrm{d}x} = q(x) \qquad (9.2)^*$$

则弯矩的二阶微分等于集度,即

$$\frac{\mathrm{d}^2 M(x)}{\mathrm{d}x^2} = q(x) \qquad (9.3)^*$$

③弯应矩与剪应力及载荷集度间的关系。

梁横截面上受到的弯应矩为 m_{xz}

$$m_{xz} = \frac{M(x)}{|S_z|} y$$

上式表明:距垂直 x 轴平面上的 z 值为 y 的点的弯应矩。

则
$$\frac{\partial m_{xz}}{\partial x} = \frac{\partial}{\partial x}\left[\frac{M(x)}{|S_z|}y\right] = \frac{\partial M(x)}{\partial x} \cdot \frac{y}{|S_x|}$$

将式(9.1)* 代入上式,可得

$$\frac{\partial m_{xz}}{\partial x} = \frac{Q(x)}{|S_z|}y \tag{9.4}$$

将式(9.1)* 代入式(9.4)*,可得

$$\frac{\partial m_{xz}}{\partial x} = \tau_{xy}$$

则
$$\frac{\partial^2 m_{xz}}{\partial x^2} = \frac{\partial \tau_{xy}}{\partial x} = \frac{\partial Q(x)}{\partial x} \cdot \frac{y}{|S_z|} = \frac{q(x)}{\dfrac{|S_z|}{y}} \tag{9.5}$$

载荷集度作用在梁的外表面,即 $y = y_{\max}$,又知抗弯截面模量为

$$W_{\mathrm{w}} = \frac{|S_z|}{y_{\max}}$$

则
$$\frac{\partial^2 m_{xz}}{\partial x^2} = \frac{\partial \tau_{xy}}{\partial x} = \frac{q}{\dfrac{|S_z|}{y_{\max}}} = \frac{q}{W_{\mathrm{w}}} \tag{9.6}^*$$

上式表明,作用在同一横截面上互相垂直的弯应矩与剪应力,对垂直

该平面坐标的微分存在上式关系。正是因为存在 $\dfrac{\partial m_{xz}}{\partial x} = \tau_{xy}$,所以,弯曲体

内不存在剪应力互等定理。

第 **10** 章
二向等应力拉伸实验
和质点平衡应力及其强度理论

1.引　言

现行弹性理论用微元(微六面体)六个面受到的正应力和剪应力的平衡建立了平衡微分方程,且用三个主力建立了强度条件;认为三个主应力是间断的、不相交的;即使单元体趋近于无穷小,成为点的应力状态时,其三个主应力也是不相交的。且认为微元的应力状态就是点的应力状态。作者由等直杆拉伸其斜截面上的应力不能保持其上质点的平衡[8],发现了微元平衡和质点平衡不等价。点的应力状态下应力是相交的,因为数学上的点没有大小和面积的概念,这样可以用矢量法则直接求得合成主应力,称合成主应力为质点平衡应力。质点平衡应力(绝对值)大于微元主应力最大值[8],微元所受到的主应力不是质点所受到的极值应力。这是全新的概念,并用质点平衡应力建立了新强度条件[8]。为验证其新理论的正确性,进行了 Q235 钢的二向等应力拉伸断裂破坏实验,用其实验数据和实验现象来验证新质点平衡应力及其强度理论的正确性;

同时也验证了经典强度理论的不准确性。这就从基础理论上找到了大型工程断裂事故层出不穷的根本原因。

2.实验时间

2007 年 4 月 1 日至 2007 年 10 月 15 日。

3.实验场地

中国清华大学国家破坏力学重点实验室。

4.实验设备

PLS-S100 双轴四缸伺服试验机,最大静负荷 ±100 kN,最大动负荷 ±100 kN。

5.实验目的

通过双轴拉伸破坏实验,验证质点平衡应力[8]强度理论的准确性和正确性,以及出现的实验现象的理论解释。

6.Q235 钢的双向拉伸破坏实验

1)材料

Q235 钢,其屈服应力为 $\sigma_s = 235$ MPa,强度极限为 $\sigma_b = 466$ MPa。

2)试件形状及尺寸

十字形试件(见图 10.1),为保证二向拉伸的实现,十字交叉处铣成圆形,中间铣薄是保证破坏发生在被铣的最薄弱处,在试件的横向和纵向交叉处有 45°倒角,避免应力集中。因为拉力是靠夹具产生的摩擦力实现的。为了防止打滑,且加载不能过大,试件的整件尺寸是按双向拉伸机的装载及夹具要求设计的。

3)实验数据

加载及变形全程由计算机自动控制,数据由计算机自动记录在光盘内,并打印成实验数据,见表 10.1。需要查阅此实验数据时,可随时提供全程自动控制记录。

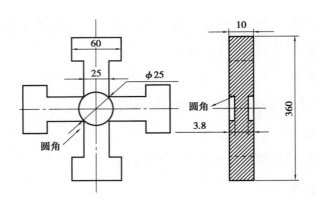

图 10.1　试件形状及尺寸

表 10.1　Q235 钢双轴等应力拉伸断裂时载荷数据表

项目 序号	x 向载荷 P_x/kN	y 向载荷 P_y/kN	十字中心 直径 d_1/mm	中间圆厚 度 δ_1/mm	单向拉伸 屈服应力 σ_s/MPa	强度极限 σ_b/MPa
1	50.2	49.7	25	3.8	235	466
2	49.3	50.2	25	3.8	235	466
3	48.5	48.2	25	3.8	235	466
4	45.7	45.9	25	3.8	235	466
5	43.9	43.5	25	3.8	235	466
6	50	50	25	3.8	235	466

4）双轴拉伸时 x、y 方向上正应力的计算

由于等直杆单向拉伸的正应力是均匀分布的,根据叠加原理,可以把双向拉伸看成两个单向拉伸的叠加,即 x 和 y 方向的正应力都是均匀分布的,如图 10.2 所示,十字中间圆的厚度为 δ。则 P_x 均匀分布在 δ 宽的 $\overset{\frown}{bad}$ 半圆上(或均匀分布在 δ 宽的 $\overset{\frown}{bcd}$ 半圆上);同样,P_y 均匀分布在 δ 宽

的$\overset{\frown}{abc}$半圆上（或均匀分布在 δ 宽的$\overset{\frown}{adc}$半圆上）。

十字中心圆 $d = 25$ mm，可见，P_x 和 P_y 拉力作用面积相等，为

$$A_1 = \frac{\pi d}{2} \delta$$

$$= \frac{\pi \times 25 \times 10^{-3}}{2} \times 3.8 \times 10^{-3} = 149 \times 10^{-6} (\text{m}^2)$$

(10.1)

已知拉力 P_x、P_y（见表 10.1）和作用面积 A_1，则根据双轴拉伸时断裂应力可求出

$$\sigma_x = \frac{P_x}{A_1}, \sigma_y = \frac{P_y}{A_1}$$

(10.2)

相关计算结果见表 10.2。

双轴等应力拉伸断裂时，x、y 方向上的应力 $\sigma_x = \sigma_y$，可见此实验保证了二向等应力拉伸。

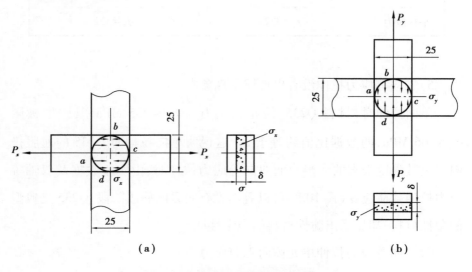

（a）　　　　　　　　　　　　　（b）

图 10.2　作用于圆截面上的正应力

表 10.2 双轴等应力拉伸断裂时的应力

项目 序号	x 方向：$\sigma_x = \dfrac{P_x}{A}$/MPa	y 方向：$\sigma_y = \dfrac{P_y}{A}$/MPa
1	$\sigma_{x1} = \dfrac{50.2 \times 10^3}{149 \times 10^{-6}} = 337$	$\sigma_{y1} = \dfrac{49.7 \times 10^3}{149 \times 10^{-6}} = 336$
2	$\sigma_{x2} = \dfrac{49.3 \times 10^3}{149 \times 10^{-6}} = 331$	$\sigma_{y2} = \dfrac{50.2 \times 10^3}{149 \times 10^{-6}} = 337$
3	$\sigma_{x3} = \dfrac{48.5 \times 10^3}{149 \times 10^{-6}} = 326$	$\sigma_{y3} = \dfrac{48.2 \times 10^3}{149 \times 10^{-6}} = 324$
4	$\sigma_{x4} = \dfrac{45.7 \times 10^3}{149 \times 10^{-6}} = 307$	$\sigma_{y4} = \dfrac{45.9 \times 10^3}{149 \times 10^{-6}} = 308$
5	$\sigma_{x5} = \dfrac{43.9 \times 10^3}{149 \times 10^{-6}} = 295$	$\sigma_{y5} = \dfrac{43.5 \times 10^3}{149 \times 10^{-6}} = 292$
6	$\sigma_{x6} = \dfrac{50 \times 10^3}{149 \times 10^{-6}} = 336$	$\sigma_{y6} = \dfrac{50 \times 10^3}{149 \times 10^{-6}} = 336$
平均应力	$\overline{\sigma}_x = 322$	$\overline{\sigma}_y = 322$

5）二向等应力拉伸没有出现屈服现象

单向拉伸时，材料 Q235 的屈服应力为 $\sigma_s = 235$ MPa，其强度极限 $\sigma_b = 466$ MPa，两数据比值约等于 2。这说明单向拉伸时 Q235 的屈服极限只是其强度极限的一半。而双向等应力拉伸时，由实验数据及双轴等应力拉伸载荷应变（图 10.3）可以看出没有明显的屈服阶段，Q235 是典型的塑性材料，却显示出脆性材料的力学性能。

6）二向等应力拉伸单元体内无剪应力

图 10.4（a）所示为二向等应力拉伸状态，根据等效原理，二向应力状态可分解为两个单向应力状态的叠加，如图 10.4（b）、（c）所示。在微元内取任意相同 α 角的斜面，把作用于 α 斜面 $\widehat{ae}$ 上的拉应力 σ_x 和 σ_y 分解

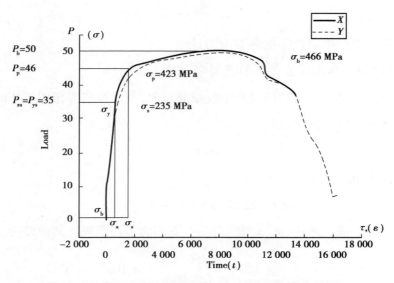

图 10.3　双轴等应力拉伸载荷与时间、应力与应变间的关系

成垂直 $\overset{\frown}{ae}$ 面的正应力 $\sigma_{\alpha x}$ 和 $\sigma_{\alpha y}$，剪应力为 $\tau_{\alpha x}$ 和 $\tau_{\alpha y}$，由图 10.4(b) 和(c)可知，$\tau_{\alpha x}$ 和 $\tau_{\alpha y}$ 大小相等，方向相反。其合应力为零，说明任意斜面上都没有剪应力，因此，没有出现由剪应力引起的屈服现象。而斜面上的正应力 $\sigma_{\alpha x}$ 和 $\sigma_{\alpha y}$ 大小相等，方向相同，其拉应力为 $2\sigma_{\alpha x}$(或 $2\sigma_{\alpha y}$)，这说明低碳钢 Q235 的破坏是被正应力拉断，而不是被剪断。

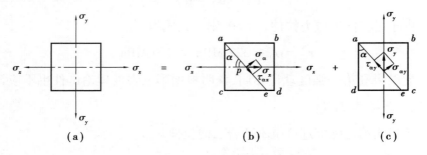

图 10.4　二向等应力拉伸单元体内无剪应力

可见，二向等应力拉伸与单向拉伸的结论完全不同。当 $\alpha = 45°$ 时，拉应力最大，其断裂的角度（断裂面与 x 轴或 y 轴）应成 45°，这与本实验现

象完全符合。

7）经典强度理论下的断裂应力计算

（1）第一强度理论[9]下的断裂应力

由于二向等应力拉伸没有出现屈服现象，是受拉应力作用破坏的，适合用最大拉应力准则，即

$$\sigma = \sigma_b$$

由表10.2可得

$$\overline{\sigma} = 322 \text{ MPa} < \sigma_b = 466 \text{ MPa}$$

按第一强度理论，此双向应力状态下不能出现断裂。其误差为

$$i_1 = \frac{\sigma_b - \overline{\sigma}}{\sigma_b} \times 100\% = \frac{466 - 322}{466} \times 100\% \approx 31\%$$

这说明第一强度理论不适合二向拉伸。

（2）第三强度理论下的断裂应力

由于Q235是塑性材料，符合第三强度理论，可是又没出现屈服，因此用断裂时x、y方向的正应力来计算断裂应力。

第三强度理论的相当应力为

$$\sigma_{r3} = \sigma_1 - \sigma_3$$

由于是二向等应力拉伸，$\sigma_3 = 0$，则上式成为

$$\sigma_{r3} = \sigma_1 = 322 \text{ MPa} < 466 \text{ MPa}$$

此结果和第一强度理论相同，说明根据第三强度理论试件也不应该破坏，其误差为31%。

这说明第三强度理论也不适合二向拉伸。

（3）第四强度理论下的断裂应力

第四强度理论的相当应力为[10]

$$\sigma_{r4} = \sqrt{\frac{1}{2} \left[(\sigma_1 - \sigma_2)^2 + (\sigma_2 - \sigma_3)^2 + (\sigma_3 - \sigma_1)^2 \right]}$$

二向等应力拉伸时，$\sigma_1 = \sigma_2$，$\sigma_3 = 0$，则上式变为

$$\sigma_{r4} = \sqrt{\frac{1}{2}\left[0 + \sigma_2^2 + \sigma_1^2\right]} = \sigma = 322 \text{ MPa} < 466 \text{ MPa}$$

可见和第一、第三强度理论的结论相同，试件在此相当应力作用下也不会破坏，其误差为 31%。这说明经典强度理论得到的极值应力，都小于材料实际受到的极值应力。

7.新质点平衡应力强度条件的实验验证

质点平衡应力的强度条件：

（1）塑性材料

$$\sigma_\alpha' = \sqrt{\sigma_1^2 + \sigma_2^2 + \sigma_3^2} \leqslant \left[\sigma_s\right] \tag{10.3}$$

（2）脆性材料

$$\sigma_\alpha' = \sqrt{\sigma_1^2 + \sigma_2^2 + \sigma_3^2} \leqslant \left[\sigma_b\right] \tag{10.4}$$

①把双轴等应力拉伸实验时断裂应力 $\overline{\sigma}_x$、$\overline{\sigma}_y$ 代入公式（10.4），得

$$\begin{aligned}
\sigma_\alpha' &= \sqrt{\sigma_1^2 + \sigma_2^2 + \sigma_3^2} \\
&= \sqrt{\sigma_x^2 + \sigma_y^2 + 0} \\
&= \sqrt{322^2 + 322^2} \\
&= 322\sqrt{2} \\
&= 455.3 \text{ MPa}
\end{aligned}$$

与 Q235 钢强度极限误差的百分比为

$$i_{\alpha1}' = \frac{\sigma_b - \sigma_\alpha'}{\sigma_b} \times 100\% = \frac{466 - 455.3}{466} \times 100\% \approx 2.3\%$$

可见用质点平衡应力公式计算出的实验断裂应力与其强度极限 σ_b 非常接近，验证了质点平衡应力理论的正确性。而经典强度条件计算出的应力远小于强度极限，试件不应该断裂。这就说明用经典强度理论设计的构件，在二向应力状态下，其强度没有得到保障，是断裂事故经常出

现的根本原因。

②二向应力状态下质点平衡应力与 x 轴夹角，由下式求得

$$\alpha'_x = \arctan \frac{\tau + (\sigma_x^2 + \sigma_y^2)^{\frac{1}{2}} \cdot \sin \arctan \left|\frac{\sigma_y}{\sigma_x}\right|}{\tau + (\sigma_x^2 + \sigma_y^2)^{\frac{1}{2}} \cdot \cos \arctan \left|\frac{\sigma_y}{\sigma_x}\right|} \qquad (10.5)$$

把 $\sigma_x = \sigma_y$ 及剪应力 $\tau = 0$ 代入上式，可得质点平衡应力与 x 的夹角为

$$\alpha_x = \arctan \frac{0 + \sqrt{2}\sigma_x \cdot \sin \arctan 1}{0 + \sqrt{2}\sigma_x \cdot \cos \arctan 1}$$

$$= \arctan 1$$

$$= 45°$$

质点平衡应力与 x 轴夹角的方向为 45°，这与试件成 45°方向断裂的结论完全相同。

8.结　论

①一个重要的实验现象：双向等应力拉伸试件破坏时，断口与 x 轴（或 y 轴）成 45°，如图 10.5(a)和(b)所示。

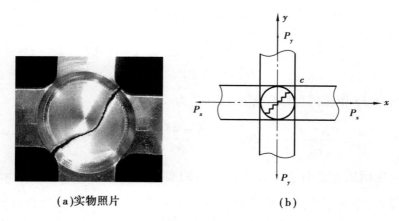

(a)实物照片　　　　　　　　　　(b)

图 10.5　双轴等应力拉伸断裂口与 x 轴成 45°角

这是现行弹性理论解释不了的现象。按现行弹性理论，塑性材料双

向等应力拉伸,其微元受二向主应力状态,则试件应从垂直 x 轴(或 y 轴)方向断裂,不应从 $45°$ 方向断裂。从 $45°$ 方向断裂恰恰证明了质点平衡应力强度理论的正确性。因为作用在二向应力区内的每一个质点都受到互相垂直方向上的拉力 σ_x 和 σ_y,则作用在质点上的合应力符合矢量加法运算法则,即力的平行四边形法则。当 $\sigma_x = \sigma_y$ 时,其合力恰好是正方形对角线,试件是在合应力 σ_α' 作用下被破坏,故试件与 x 轴(或 y 轴)成 $45°$,如图10.6所示。

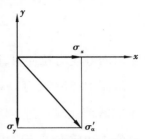

图 10.6　二向等应力拉伸作用在质点上的合力与 x 轴成 $45°$ 角

②经典弹性理论用于解决二向拉伸问题,其误差高达 31%,这就是造成断裂事故的根本原因。而质点平衡应力强度条件得出的结果与实验完全相符。

③二向等应力拉伸时,物体内没有剪应力。

因此,即使是塑性材料也不会出现屈服现象。

④二向等应力拉伸使材料的比例极限 σ_e 扩大,如图 10.3 所示。

单向拉伸时 Q235 钢屈服应力 $\sigma_s = 235$ MPa,由式(10.2)其对应载荷

$$P_x = P_y = 235 \times 10^6 \times 149 \times 10^{-6} = 35 \text{ kN}$$

由图10.3可得,单向拉伸的直线段(应力与应变成正比——胡克定律)为 $\overline{o_1a_1}$ 段,而双向等应力拉伸时,直线段为 $\overline{o_1a_2}$,相对应的最大单向载荷为 $P_x = P_y = 45$ kN,即比例极限载荷由 35 kN 提到 45 kN。此时的二向等应力拉伸的比例极限可由质点平衡应力公式求得

$$\sigma_{Pxy}' = \sqrt{\sigma_x^2 + \sigma_y^2} = \sqrt{2} \times \frac{45 \times 10^3}{149 \times 10^{-6}} = 427 \text{ MPa}$$

比例极限增加百分比:

$$i_P = \frac{\sigma_{Pxy} - \sigma_s}{\sigma_{Pxy}} \times 100\%$$

$$= \frac{427 - 235}{427} \times 100\% = 45\%$$

表明双向等应力拉伸时,比例极限比单向拉伸扩大45%。

从图10.3中又可以看到比例极限的载荷为45 kN,断裂时的载荷为50 kN,数值比较接近。因此,本章使用的在比例极限内适用的经典强度理论公式和质点平衡应力公式,符合胡克定律的要求,故其计算结果是可信的,且是较准确的。

第**11**章
新拉伸-剪切组合强度条件的实验验证

1.引 言

国内外工程断裂事故频发,特别是受拉伸-剪切作用的新建大型桥梁坍塌事故更多。工程断裂原因不都是质量事故,而往往是由于工程实际的强度低于用经典理论设计的强度造成的。经典理论是用微单元体平衡的最大主应力建立的强度条件,并认为微单元体的应力状态就是质点的应力状态。笔者发现:微单元体的应力状态和点的应力状态是不等价的,三种应力状态下质点平衡应力都大于单元体主应力[8]。这就找到了拉-剪应力状态下的桥梁断裂的根本原因。

由 10 章第 7 节质点平衡应力及其强度理论的实验验证,证明了质点平衡强度理论的正确性、准确性。本实验进一步验证由质点平衡应力强度理论推导出来的拉伸-剪切强度条件的正确性,是本实验的主要目的。

2.实验时间

2007 年 4 月 1 日至 2007 年 10 月 15 日。

3. 实验场地

清华大学国家破坏力学重点实验室。

4. 实验设备

PLS-S100 双轴四缸伺服试验机,最大静负荷为 ±100 kN,最大动负荷为 ±100 kN。

5. 实验目的

实验验证第三、第四强度条件和新质点平衡强度条件。

6. 实验设计

1)试件材料

塑料 PVC,强度极限 σ_b = 43 MPa。

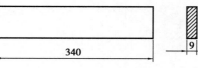

图 11.1 试件尺寸

2)试件尺寸(见图 11.1)

3)实验设计原理

如图 11.2(a)所示,在 x 方向加拉力,在 y 方向上用切刀双面加剪力;图 11.2(b)显示了受剪面的受力情况,由于试验机的对中性非常好,保证上下面切刀对中,则以中心线为分界,上下剪力的作用面积都为断面的 $\frac{1}{2}$。其体内点的受力图如图 11.2(c)所示。严格意义上说,纵截面上还有较小的 y 方向的正应力作用,最大正应力

$$\sigma_y = \frac{Q_y}{A} = \frac{4 \times 10^3}{340 \times 10^{-3} \times 9 \times 10^{-3}} \text{Pa} \approx 1.3 \text{ MPa}$$

可见正应力 Q_y 很小,可忽略。

同时切刀尖很钝,尽量减小应力集中(即使有应力集中出现,对第三、第四及质点平衡强度条件作用都相同,不会影响三个理论的对比结果)。

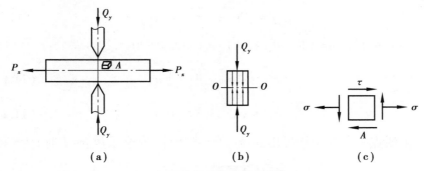

图 11.2　单向拉伸双面剪切

7.实验数据及对应的应力

表 11.1　单向拉伸与剪切实验数据表

项目 序号	拉力 载荷 P_x/kN	拉力受 力面积 $A = 59 \times 10^{-3} \times$ 9×10^{-3} m^2	拉应力 /MPa $\sigma_x = \dfrac{P_x}{A}$	剪切 载荷 Q_y/kN	剪力受力 面积 $A_\tau = \dfrac{A}{2}$ (m^2)	剪应力 τ_y/MPa $\tau_y = \dfrac{Q_y}{A_\tau}$	材料拉 伸强度 极限 σ_b/MPa	说　明
1	14.1	531×10^{-6}	26.6	2	265.5	7.5	43	载荷 P_x 和 Q_y 数据，及数据 1 和数据 2，都取自实验自动记录。数据 3、4 为手写实验记录。（因记录仪故障）
2	15.2	531×10^{-6}	28.6	3.2	265.5	12	43	
3	17.2	531×10^{-6}	32.4	2.5	265.5	9.4	43	
4	16.0	531×10^{-6}	30.1	4	265.5	15	43	

8. 第三、第四强度理论及质点平衡应力的拉-剪强度条件简介

当试件同时受到单向拉伸和剪切时,第三强度理论推导出来的强度条件为

$$\sigma_{r3} = \sqrt{\sigma^2 + 4\tau^2} \leqslant [\sigma] \tag{11.1}$$

第四强度理论推导出的强度条件为

$$\sigma_{r4} = \sqrt{\sigma^2 + 3\tau^2} \leqslant [\sigma] \qquad (11.2)$$

当安全系数 $n=1$ 时,式(11.1)、式(11.2)成为

$$\sigma_{r3} = \sqrt{\sigma^2 + 4\tau^2} = \sigma_s \qquad (11.1)'$$

$$\sigma_{r4} = \sqrt{\sigma^2 + 3\tau^2} = \sigma_s \qquad (11.2)'$$

由质点平衡应力推导出的拉-剪强度条件(安全系数 $n=1$ 时)为

$$\sigma'_{\sigma\tau} = \sqrt{\sigma^2 + 2\sigma\tau + 2\tau^2} = \sigma_s \qquad (11.3)$$

9.第三、第四及质点平衡应力强度条件计算出断裂应力

表 11.2　第三、第四及质点平衡应力条件下的断裂应力比较表

项目 序号	拉应力 σ_x/MPa	剪应力 τ_y/MPa	第三强度理论 $\sigma_{r3}=\sqrt{\sigma^2+4\tau^2}$ /MPa	第四强度理论 $\sigma_{r4}=\sqrt{\sigma^2+3\tau^2}$ /MPa	质点平衡应力强度理论 $\sigma'_{\sigma\tau}=\sqrt{\sigma^2+2\sigma\tau+2\tau^2}$ /MPa	材料拉 伸强度 极限 σ_b/MPa
1	26.6	7.5	30.6	29.6	40.2	43
2	28.6	12	37	35	42.1	43
3	32.4	9.4	37.5	36.3	42.6	43
4	30.1	15	42.5	39.8	45.1	43
平均值			36.9	35.2	42.5	43
断裂应力与强度 极限百分比误差	$i=$ $\dfrac{\sigma_b-\sigma_r}{\sigma_b}\times$ 100%		14.2%	18.2%	1%	

10.结　论

①从表 11.2 可以看出,质点平衡应力强度条件得出的断裂应力与材料拉伸强度极限的误差仅为 1%。验证了新拉-剪强度条件的正确性和准确性,而第三、第四强度条件的误差高达 14.2% 和 18.2%,这说明用经典

强度理论设计的工程是不安全的。

②第三、第四强度理论得到的应力为相当应力,而质点平衡应力强度理论得到的应力是真应力,其真应力的作用方向可由求质点平衡应力的夹角公式求得

$$\alpha_x = \arctan \frac{\left[\tau + (\sigma_x^2 + \sigma_y^2)^{\frac{1}{2}} \sin \arctan \left|\frac{\sigma_y}{\sigma_x}\right|\right]}{\left[\tau + (\sigma_x^2 + \sigma_y^2)^{\frac{1}{2}} \cos \arctan \left|\frac{\sigma_y}{\sigma_x}\right|\right]} \qquad (11.4)$$

单向拉-剪时,$\sigma_y = 0$,上式成为

$$\alpha_x = \arctan \frac{\tau}{\tau + \sigma_x} \qquad (11.4)'$$

把试验数据 $\sigma_x = 32.4$ MPa,$\tau = 9.4$ MPa 代入式(11.4)′,得

$$\alpha_x = \arctan \frac{9.4}{9.4 + 32.4}$$

$$= \arctan 0.224\,9 = 12°40'$$

说明质点平衡应力与 x 轴夹角为 $12°40'$,其断裂面与 y 轴的夹角应力 $12°40'$。这与实验试件的断裂口完全符合。

③新拉-剪强度条件是由质点平衡应力强度条件推导出来的。本实验的准确性也验证了质点平衡应力概念及其强度理论的正确性。

第 **12** 章
圆轴扭转无剪应力论证及试验

    圆轴扭转广泛使用于机械传动设备和建筑结构中。随着科技的发展,国内外大型工程结构愈来愈多,其非细长轴断裂和结构坍塌的事故也屡见不鲜。目前采用最先进的有限元法设计计算非细长圆轴,都是基于现行弹性理论[1],为什么还会出现如此多的断轴乃至结构破坏事故? 当前分析其原因大都把断裂和坍塌的根本原因归结于施工质量和设计不足,没有人考虑到是对圆轴扭转基本理论研究不足造成事故的结果。根据韩文坝、黄双华教授《非零应矩弹性理论》[2],现行弹性理论还存在不足,譬如弹性理论中没有分清真实应力和相当应力[3-4]的区别,把相当应力按真实应力去运算[5],从而得到不准确的甚至是错误的结论。而且现行弹性理论也承认只能解决细长杆的问题,对于解决短梁、大型杆件和大型工程问题还存在强度、刚度和稳定性不够。结构设计采用有限元法计算所得再精确,仍然没有脱离现行弹性理论[6]。因此本研究认为,理论的缺陷是造成破坏事故的根本原因,需要对现行弹性理论进一步研究和探讨。现行弹性理论认为圆轴扭转纵、横截面上存在剪应力,事实上剪应力并不存在,而应该是一种扭应矩[2],即作用在单位面积上的扭矩的极限,且只有这样才能完整解释圆轴扭转内力问题。故本章针对圆轴扭转纵、横截面是否存在剪应力进行研究。本章首先通过理论推导,证明了圆轴扭转剪应力不能保证平面假设成立,同时,圆轴扭转剪应力也不能保证其部分体平衡,而平衡是现行弹性理论的根本。其次,运用综合平衡微分方程证明了纯扭转体内无剪应力,由此判定圆轴扭转纵、横截面上都没有剪应力,而应该是精确地表达为扭应矩。最后,通过圆柱形螺旋弹簧变形试验,运用应力理论计算弹簧变形量 λ_n 和应矩理论计算的弹簧变形量 λ_m,分别同实测弹簧压缩变形量 λ_s 相对比,进一步证明圆轴扭转没有剪应力,而有扭应矩。这不仅是对现有弹性理论的深入剖析和研究,也是对现行力学的补充和推进。

第 1 节　弹性理论不能保证部分体平衡

现行弹性理论得出圆轴扭转横截面上有剪应力,由剪应力互等定理[7]得出纵截面上也有剪应力,但按此结论会导致圆轴扭转不平衡,而平衡是弹性理论的根本。举一个最简单圆轴扭转不平衡的实例:一圆轴的两端受相等相反力偶作用而处于平衡状态,假想沿其轴心线剖成两个半圆柱体,取其任意一半进行内力分析。

如图 12.1(a)所示,其横截面上半径为 ρ 的剪应力为

$$\tau_\rho = \frac{M_n}{I_\rho}\rho \qquad (12.1)$$

式中,扭矩 $M_n = m$,抗扭截面模量 $I_\rho = \frac{\pi}{2}R^4$。

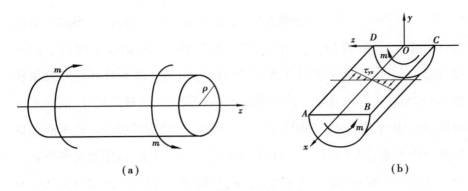

图 12.1　圆轴扭转纵截面内力分析图

根据剪应力互等定理,在纵截面(xz)上也有剪应力τ_{yx},其分布规律如图 12.1(b)所示。在(xz)的纵截面上明显可得其合力为零。而 Ox 轴左边纵截面上剪应力τ_{yx}产生对 y 轴的力矩,而 Ox 轴右边纵截面上剪应力τ_{yx}也产生对 y 轴的力矩,上述两个对 y 轴的力矩大小相等、方向相同,会使半圆柱体绕 y 轴转动,半个圆柱面上再没有与之平衡的力矩,即不能保持下半圆柱体平衡,而上半圆柱体同样不能处于平衡。若要使半圆柱体平衡,则纵截面上的剪应力τ_{yx}应该等于 0。而剪应力$\tau_{yx}=0$ 只有两种可能:一是圆轴扭转横截面上没有剪应力τ_ρ,则其纵截面上必然剪应力$\tau_{yx}=0$;二是横截面上有剪应力τ_ρ。若其纵截面上剪应力$\tau_{yx}=0$,则与剪应力互等定理相矛盾。而非零应矩弹性理论证明,扭转不存在剪应力互等定理,要使半圆柱体平衡,只有横截面上没有剪应力,而是有扭应矩。

第 2 节　圆轴扭转剪应力不能保证平面假设

现行弹性理论在推导圆轴扭转剪应力公式时,采用了平面假设:"圆轴扭转变形前的横截面与变形后的横截面形状和大小不变,且仍保持为平面",若这一推导圆轴扭转剪应力的基本假设被否定,则由此推导出的圆轴扭转剪应力公式[8-10]就不正确。图 12.2(a)所示为受扭矩 M_n 的圆轴横纵截面剪应力分布情况;用通过轴心 OO' 两相交平面截取楔形体,如图 12.2(b)所示。根据扭转变形公式及剪应力互等定理,得出楔形体应力分布如图 12.2(b)所示。为了清楚分析其内力,取正方形 $abcd$,如图 12.2(c)所示,研究在应力作用下该正方形 $abcd$ 的变形。纯剪切时,由主应力公式可得:$\sigma_1 = \tau$,$\sigma_3 = -\tau$。主应力作用在对角线 ac 和 bd 上,则 ac 被拉伸,a 点沿对角线移到 a',c 点移到 c' 点;同理,bd 被压缩,b 点、d 点分别位移到 b' 点、d' 点。可见在剪应力作用下,正方形已受力变成菱形。显然,a' 点已不在横截面 $O'ab$ 上,c' 点也不在横截面 Ocd 上,如图12.2(c)所示,即原横截面发生了倾斜,它已不保持为原平面,成为椭圆,由图 12.3(a)成为图 12.3(b),这与现行弹性理论相矛盾,由其得出的剪应力及变形结论当然就不正确。

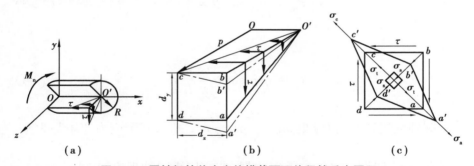

图 12.2　圆轴扭转剪应力使横截面不能保持垂直图示

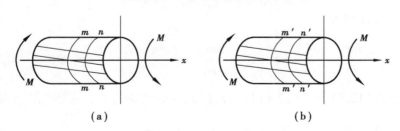

图 12.3　剪应力使薄壁圆筒扭转的平面假设不存在图示

第3节 综合平衡微分方程证明纯扭转体内无剪应力

根据韩文坝、黄双华的《非零应矩弹性理论》,应用综合平衡微分方程来推导"纯扭转体内无剪应力"。如图 12.3(a),一个两端都可以自由变形的圆轴,按现行弹性理论[11],由于 z 轴方向的扭矩 Mz,使得在 (xy) 横截面上产生剪应力 τ_ρ 为

$$\tau_\rho = \frac{Mz}{I_P}\rho \qquad (12.2)$$

设 τ_ρ 与 x 轴间夹角为 ϑ,则剪应力在 x、y 方向上的分量为

$$\tau_{zx} = \frac{Mz}{I_P}\rho \cos\vartheta = \frac{Mz}{I_P}x \qquad (12.3)$$

$$\tau_{zy} = \frac{Mz}{I_P}\rho \sin\vartheta = \frac{Mz}{I_P}y \qquad (12.4)$$

圆轴纯扭转时,扭应矩 $m_{zz} = \frac{Mz}{S_0}\rho = \frac{Mz}{S_0}\sqrt{x^2+y^2}$,其余应力应矩都为零。忽略重力 f_x,假设 $\tau_{zx} \neq 0$,$\tau_{zy} \neq 0$,根据《非零应矩弹性理论》应力应矩综合平衡微分方程为

$$\frac{\partial\sigma_x}{\partial x} + \frac{\partial\tau_{yx}}{\partial y} + \frac{\partial}{\partial z}\left(\tau_{xz} - \frac{\partial m_{xy}}{\partial x} + \frac{\partial m_{yy}}{\partial y} - \frac{\partial m_{zy}}{\partial z}\right) + f_x = 0 \qquad (12.5)$$

把式(12.3)和式(12.4)代入式(12.5)得到新的应力应矩综合平衡微分方程为

$$0 + \frac{\partial\tau_{zx}}{\partial z} + \frac{\partial}{\partial y}\left[0 + 0 + 0 + \frac{\partial}{\partial z}\left(\frac{Mz}{S_0}\sqrt{x^2+y^2}\right)\right] + 0 = 0 \qquad (12.6)$$

式中，$Mz = M =$ 常量，S_0、$\sqrt{x^2+y^2}$ 对 z 的偏微分都为常数，因此有

$$\frac{\partial}{\partial z}\left(\frac{Mz}{S_0}\sqrt{x^2+y^2}\right) = 0 \qquad (12.7)$$

则上式为

$$\frac{\partial \tau_{zx}}{\partial z} = 0 \qquad (12.8)$$

即 $\qquad\qquad\qquad \tau_{zx} = C(x,y)\,(C \text{ 为常数}) \qquad (12.9)$

上式说明，任一垂直 z 轴的横截面上，沿 z 轴方向的剪应力 τ_{zx} 都为同一常数，此结论也可以由纯扭转扭矩图得出。

由边界条件可知，当 $x=0$ 或 $x=1$ 时，$\tau_{zx}=0$，则 $C(x,y)=0$。

故式（12.9）为

$$\tau_{zx} = C(x,y) = 0 \qquad (12.10)$$

式（12.10）说明，沿长为 l 的圆轴横截面上，其剪应力为常数，且该常数为零。同理也可得

$$\tau_{zy} = C(x,y) = 0 \qquad (12.11)$$

综上所述，由综合平衡微分方程推导证明纯扭转体内无剪应力。

第 4 节　圆柱形螺旋弹簧变形试验

1.试验原理

由于弹簧受力拉伸或压缩变形就是弹簧圈的扭转和剪切变形，因此，可用圆柱形螺旋弹簧作为模型，进行压缩实验，来验证应力理论和应矩理论的正确性[12]，如果图 12.4 所示。当升角 $\alpha < 5°$ 时，可不计升角的影响，弹簧丝直径 $d \ll D$ 时，（D 为弹簧外径），可忽略弹簧圈曲率的影响，即弹

簧圈可视为纯扭转杆件进行计算。

（1）应力理论下的圆柱形弹簧变形公式

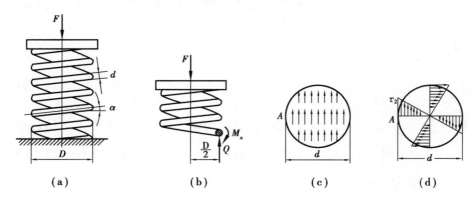

图 12.4　圆柱形螺旋弹簧及丝径受力图

（d—弹簧圈的直径，D—弹簧中径，α—升角）

假设切开弹簧钢圈，取出上部分作为研究对象如图 12.4（b）所示。在此情况下，可认为压力 F 与弹簧圈在同一平面内，则在弹簧丝的截面上将有扭矩 M_n 和剪应力 Q。图 12.4（c）表示 F 作用力下，由于簧丝横截面面积较小，可以认为丝截面上的剪应力为均匀分布。图 12.4（d）表示在弹簧圈横截面上的剪力成线性分布规律[13]。弹簧圈受到的最大剪应力[4,5]为

$$\tau_{\max} = \frac{8FD}{\pi d^3}\left(\frac{d}{2D} + 1\right) \tag{12.12}$$

当 $\dfrac{d}{D} \leqslant \dfrac{1}{10}$ 时，$\dfrac{d}{2D}$ 可略，即不考虑剪切的影响，则

$$\tau_{\max} = \frac{8FD}{\pi d^3} \tag{12.13}$$

弹簧的变形 λ_τ 为

$$\lambda_\tau = \frac{8nFD^3}{Gd^4} \tag{12.14}$$

式中　G——剪切弹性模量，$G = 80$ GPa；

　　　n——弹簧的有效圈数；

　　　F——所加静荷。

（2）应矩理论圆柱形螺旋弹簧的变形公式

根据《非零应矩弹性理论》，当 $\dfrac{d}{D} \leqslant \dfrac{1}{10}$，即忽略剪切影响时，弹簧的变形量 λ_{m} 为

$$\lambda_{\mathrm{m}} = \frac{3nFD^3}{G_{\mathrm{n}} d^3} \qquad (12.15)$$

式中，G_{n} 为扭转弹性模量[5]，$G_{\mathrm{n}} = 3.3 \times 10^8 \mathrm{N/m}$。

最大扭应矩为

$$m_{\mathrm{n\,max}} = \frac{8FD}{\pi d^3} \qquad (12.16)$$

本试验测量当 $\dfrac{d}{D} \leqslant \dfrac{1}{10}$、$\alpha < 5°$时，在荷载 F 作用下的圆柱形螺旋弹簧的压缩位移量 λ_{s}。

判定条件为：通过应力理论计算的变形量 λ_{n} 和应矩理论计算的变形量 λ_{m} 分别与压缩实际变形量 λ_{s} 3 个数据对比及求误差百分比，误差百分比较小者即为更准确理论。若应矩理论计算得出的误差百分比较小，则说明圆轴扭转纵、横截面没有剪应力。

2.试验准备

试验在攀枝花学院分析测试中心进行。试验设备为万能材料试验机（型号：5582），如图 12.5 所示；所用试验模型为 3 种不同类型的圆柱形螺旋弹簧（$60Si_2Mn$ 钢），如图 12.6 所示。

图 12.5　万能材料试验机

图 12.6　圆柱形螺旋弹簧

3.试验过程及记录

1）试验过程

首先用游标卡尺测出 3 种圆柱形螺旋弹簧的弹簧钢圈直径和弹丝外直径,每种圆柱形螺旋弹簧测 5 次,取其平均值。然后用万能材料试验机分别对 A 组、B 组、C 组弹簧进行压缩,测出其压缩位移量 λ_s 及对应的压缩荷载值 F,每组弹簧压缩 3 次取其平均值。最后用应力理论计算变形量 λ_n 和应矩理论计算变形量 λ_m 分别与压缩变形量 λ_s 求误差百分比。

2）试验数据记录

圆柱形螺旋弹簧参数见表 12.1。

表 12.1　圆柱形螺旋弹簧参数

组号	弹簧钢丝直径 d/mm	弹簧圈外径 D/mm	弹簧有效螺圈数 n	升角 $\alpha/(°)$	$\dfrac{d}{D}$
A	9.05	93.09	3	4.5	0.097
B	7.75	77.60	9	4.7	0.100
C	14.03	143.59	6	4.8	0.098

（1）A 组弹簧测试

由万能试验机进行加载试验,得到压缩位移-压缩荷载曲线如图 12.7 所示,取其中 6 个代表值列入表 12.2。

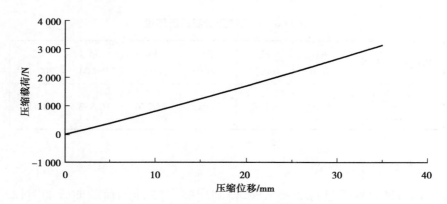

图 12.7　A 组弹簧压缩位移-压缩荷载曲线图

表 12.2　A 组弹簧加载后压缩量

压缩荷载 F/N	F1 100.12	F2 200.63	F3 300.29	F4 400.48	F5 500.45	F6 600.38
压缩位移 λ_s /mm	2.270	4.467	6.633	8.517	11.117	13.217

（2）B 组弹簧测试

由万能试验机进行加载试验,得到压缩位移-压缩荷载曲线如图 12.8 所示,取其中 6 个代表值列入表 12.3。

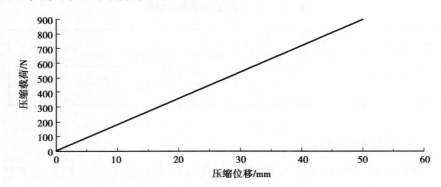

图 12.8　B 组弹簧压缩位移-压缩荷载曲线图

85

表 12.3 B 组弹簧加载后压缩量

压缩荷载 F/N	F1 50.01	F2 100.21	F3 150.06	F4 200.09	F5 250.04	F6 300.17
压缩位移 λ_s /mm	3.260	6.600	9.550	13.276	16.533	19.817

（3）C 组弹簧测试

由万能试验机进行加载试验，得到压缩位移-压缩荷载曲线如图12.9所示，取其中 6 个代表值列入表 12.4。

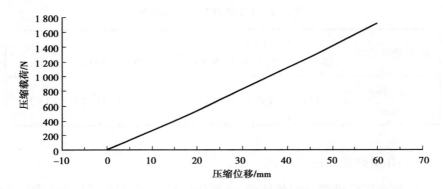

图 12.9 C 组弹簧压缩位移-压缩荷载曲线图

表 12.4 C 组弹簧加载后压缩量

压缩荷载 F/N	F1 100.24	F2 200.62	F3 300.37	F4 400.02	F5 500.25	F6 600.17
压缩位移 λ_s /mm	4.207	8.417	12.500	16.833	21.850	23.500

4.试验数据计算结果

将圆柱形螺旋弹簧荷载值 F 分别代入应力理论和应矩理论公式进行计算，将计算结果分别与圆柱形螺旋弹簧试验变形量 λ_s，代入相应的误差公式计算出误差百分比。A 组、B 组、C 组试验数据带入计算结果分别见表 12.5、表 12.6 和表 12.7。

表 12.5　A 组试验数据计算结果

计算公式	应力理论计算值/mm $\lambda_n = \dfrac{8nFD^3}{Gd^4}$	误差百分比 λ_n' $\lambda_n' = \dfrac{\lvert \lambda_s - \lambda_n \rvert}{\lambda_s} \times 100\%$	应矩理论计算值/mm $\lambda_m = \dfrac{3nFD^3}{G_n d^3}$	误差百分比 λ_m' $\lambda_m' = \dfrac{\lvert \lambda_s - \lambda_m \rvert}{\lambda_s} \times 100\%$
F1	2.658	17.08%	2.187	3.68%
F2	5.326	19.23%	4.382	1.90%
F3	7.971	20.17%	6.558	1.13%
F4	10.631	24.83%	8.746	2.70%
F5	13.285	19.50%	10.930	1.68%
F6	15.937	20.58%	13.112	0.79%
平均值	9.301	20.23%	7.652	1.98%

注:剪变模量 $G = 80 \times 10^9 (\text{N/m}^2)$,扭转弹性模量 $G_n = 3.3 \times 10^8 (\text{N/m})$,$\dfrac{d}{D} = 0.097 < 0.1$

表 12.6　B 组试验数据计算结果

计算公式	应力理论计算值/mm $\lambda_n = \dfrac{8nFD^3}{Gd^4}$	误差百分比 λ_n' $\lambda_n' = \dfrac{\lvert \lambda_s - \lambda_n \rvert}{\lambda_s} \times 100\%$	应矩理论计算值/mm $\lambda_m = \dfrac{3nFD^3}{G_n d^3}$	误差百分比 λ_m' $\lambda_m' = \dfrac{\lvert \lambda_s - \lambda_m \rvert}{\lambda_s} \times 100\%$
F1	4.252	30.42%	2.996	8.11%
F2	8.526	29.19%	6.007	8.98%
F3	12.759	33.60%	8.989	5.87%
F4	17.013	28.14%	11.986	9.72%
F5	21.259	28.58%	14.978	9.41%
F6	25.521	28.79%	17.981	9.26%
平均值	14.888	29.79%	10.490	8.56%

注:剪变模量 $G = 80 \times 10^9 (\text{N/m}^2)$,扭转弹性模量 $G_n = 3.3 \times 10^8 (\text{N/m})$,$\dfrac{d}{D} = 0.100 \leqslant 0.1$

表 12.7   C 组试验数据计算结果

计算公式	应力理论计算值/mm $\lambda_n = \dfrac{8nFD^3}{Gd^4}$	误差百分比 λ_n' $\lambda_n' = \dfrac{|\lambda_s - \lambda_n|}{\lambda_s} \times 100\%$	应矩理论计算值/mm $\lambda_m = \dfrac{3nFD^3}{G_n d^3}$	误差百分比 λ_m' $\lambda_m' = \dfrac{|\lambda_s - \lambda_m|}{\lambda_s} \times 100\%$
F1	3.376	19.75%	4.306	2.36%
F2	6.757	19.72%	8.618	2.39%
F3	10.116	19.08%	12.902	3.22%
F4	13.472	19.97%	17.183	2.07%
F5	16.847	22.90%	21.488	1.66%
F6	20.212	20.74%	25.780	1.10%
平均值	11.796	20.36%	15.046	2.13%

注:剪变模量 $G = 80 \times 10^9 (\text{N}/\text{m}^2)$,扭转弹性模量 $G_n = 3.3 \times 10^8 (\text{N}/\text{m})$,$\dfrac{d}{D} = 0.098 < 0.1$

5.试验结果分析

用应力理论计算变形量 λ_n 和应矩理论计算变形量 λ_m,分别与圆柱形螺旋弹簧压缩试验实测变形量 λ_s 进行对比求出百分比误差,得到 A 组应矩理论计算 λ_m 的误差百分比为 1.98%,应力理论计算得出 λ_n 的误差百分比为 20.23%。B 组 λ_m 的百分比误差为 8.56%,λ_n 的百分误差为 29.79%。C 组 λ_m 的百分误差为 2.13%,λ_n 的百分误差为 20.36%。三组应矩理论的平均百分比误差 λ_m' 为 4.22%,应力理论平均百分比误差 λ_n' 为23.46%。应矩理论计算得出的平均误差百分比 λ_m' 比应力理论计算得出的平均误差百分比 λ_n' 小 19.24%,说明应矩理论的与实际情况更吻合,证明了圆轴扭转纵、横截面没有剪应力,只有扭应矩才能解释这个结果。在试验过程中会产生一定误差,其原因如下:

①所用的应力和应矩计算公式,只考虑了扭转产生的剪应力和扭应矩,忽略了荷载直接对弹簧圈产生的剪应力,会造成一定的误差;

②本试验所用的弹簧为非密圈螺纹弹簧,加之弹簧圈直径不均匀、光

滑度不高等因素,都会产生一定误差。

第 5 节　结　论

①现行弹性理论不能保证部分体平衡;圆轴扭转如有剪应力不能保证平面假设成立;

②通过综合平衡微分方程推导,证明圆轴扭转纵、横截面无剪应力;

③通过圆柱形螺旋弹簧变形试验,得到应矩理论下的平均误差百分比 λ'_m 比应力理论计算的平均误差百分比 λ'_n 小 19.24%,进一步证明了圆轴扭转纵、横截面没有剪应力,而是扭应矩;

④本章的内容不仅是对现有弹性理论的深入剖析和研究,也是对现行力学的补充和推进。

第13章

非零应矩弹性理论下
梁弯曲变形的实验验证

第1节　现行弹性理论简支梁中点的挠度

如图 13.1 所示作用在梁中点上的外力 P，C 点产生的最大挠度为

$$\Delta_\sigma = \frac{Pl^3}{48EI} \tag{13.1}$$

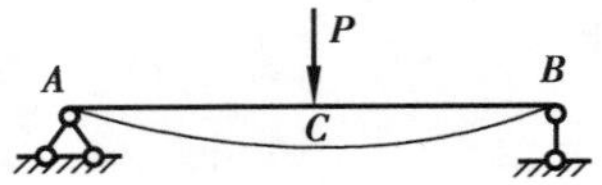

图 13.1　简支梁中点的挠度

式中　P——外力；

　　　l——梁长；

　　　E——拉伸弹性模量；钢材 $E = 2 \times 10^{11} \mathrm{N/m^2}$。

　　　I 为梁横截面的惯性矩[2]：

圆截面：$I = \dfrac{\pi D^4}{64}$；

矩形截面：$I = \dfrac{bh^3}{12}$。

第 2 节　新理论简支梁中点的挠度

"非零应矩弹性理论[4]"根据梁横截面上有弯应矩理论，推导出受集中力作用下梁中点的挠度，不考虑自重时为

$$\Delta_m = \frac{pl^3}{48 G_w \mid S_z \mid} \tag{13.2}$$

式中　G_w——弯曲弹性模量[4]，对于钢材，$G_w = 2 \times 10^9$ N/m，由实验得出。

$\mid S_z \mid$——梁横截面距中性轴距离为 Y 的绝对静矩[4.5.6]。

$$\mid S_z \mid = \iint \mid y \mid \ \mathrm{d}A$$

圆截面[4]：$\mid S_z \mid = \dfrac{D^3}{6}$；

矩形截面[4]：$\mid S_z \mid = \dfrac{bh^2}{4}$。

通过对称轴中心的绝对静矩也不为零。

第 3 节　梁变形实验原理

在梁中点加荷载 $p = 8.8$ kg，用测位移计测其位移 Δ_0，对比三个挠度值 Δ_0、$\Delta_{c\sigma}$ 和 Δ_{cm}，与 Δ_0 相同或相近者即为正确理论值。文中符号的含义：Δ_0——实测梁中点挠度值；$\Delta_{c\sigma}$——应力理论计算出的梁中点的挠度值；Δ_{cm}——应矩理论计算出的梁中点的挠度值。

第 4 节　实验准备

①时间:2016 年 12 月。

②地点:攀枝花学院土木工程实践中心。

③实验材料:45 号圆钢筋、45 号圆钢管。

④简支梁支架。

⑤变形测量仪。

第 5 节　实验过程

实测三组简支梁,长度分别为 2 m、2.6 m 和 3 m。钢管的外径都为 $D = 20$ mm,内径都为 $d = 16$ mm。加荷载 P;用测位移计测其位移;计算挠度等。数据见简支梁相关数据及计算总表。

计算过程:以总表中 A 组空心圆梁为例。

①几何尺寸:$l = 2$ m;$D = 20.7$ mm;$d = 16.2$ mm。

②惯性矩[7.8.9.10.11]:$I = \dfrac{\pi(D^4 - d^4)}{64} = \dfrac{\pi(20.7^4 - 16.2^4)}{64} = 0.56 \times 10^{-8} \text{m}^4$

③绝对静矩[4]:$|S_z| = \dfrac{D^3 - d^3}{6} = \dfrac{20.7^3 - 16.2^3}{6} = 0.77 \times 10^{-6} \text{m}^3$

④现行理论静荷位移(挠度)(考虑梁自重)为

$$\Delta_\sigma = \frac{pl^3}{48EI} = \frac{8.8 \times 9.8 \times 2^3}{48 \times 2 \times 10^{11} \times 0.56 \times 10^{-8}} = 14.5 \text{ mm}$$

⑤新理论计算梁静荷位移(考虑梁自重)为

$$\Delta_m = \frac{\left(p + \dfrac{17q}{35}\right)l^3}{48G_w|S_z|} = \frac{\left(8.8 + \dfrac{17 \times 2}{35}\right) \times 2^3}{48 \times 2 \times 10^9 \times 0.77 \times 10^{-6}} = 10.5 \text{ mm}$$

表 13.1　简支梁变形（挠度）相关数据及计算数据总表

试件组序	实验数据	拉压弹性模量 $E=2\times10^9$ N/m²	弯曲弹性模量 $G_w=2\times10^9$ N/m	试件长度 L mm ×10³	内径 d mm×10	外径 D mm×10	梁质量 /kg	惯性矩 I /m⁴	绝对静矩 $|S_z|$ /m³	实测梁中点最大挠度 Δ_0 /mm	现行理论计算静荷挠度 $\Delta_m=\dfrac{pl^3}{48EI}$ mm	新理论计算静荷挠度 $\Delta_m=\dfrac{pl^3}{48G_w|S_z|}$ mm	现行理论值和新理论值与实测值百分差误差 $i=\dfrac{\Delta_0-\Delta_\sigma(\Delta_{m1})}{\Delta_0}\times100\%$		
													i_σ	i_m
空心圆梁	A	2×10^{11}	2×10^9	2	1.62	2.07	2	0.56×10^{-8}	0.77×10^{-6}	10	14.5	16.5	40	5
	B	2×10^{11}	2×10^9	2.61	1.62	2.07	2.5	0.56×10^{-8}	0.77×10^{-6}	20	28.2	20.5	41	2.5
	C	2×10^{11}	2×10^9	3	1.62	2.07	3	0.56×10^{-8}	0.77×10^{-6}	31	43.3	31.5	39.7	1.6

⑥新理论静荷位移[4]（挠度）为

$$\Delta_m = \frac{pl^3}{48G_w \mid S_z \mid} = \frac{8.8 \times 9.8 \times 2^3}{48 \times 2 \times 10^9 \times 0.77 \times 10^{-6}} = 10.5 \text{ mm}$$

⑦实测梁中点挠度为 $\Delta_0 = 10$ mm。

⑧对比 3 个挠度值：

$$\Delta_0 = 10 \text{ mm}, \Delta_{\sigma 1} = 14.5 \text{ mm}, \Delta_{m 1} = 10.5 \text{ mm}$$

可见，Δ_0 与 $\Delta_{m 1}$ 接近，其误差为

$$i_m = \frac{10 - 10.5}{10} \times 100\% = 5\%$$

小于 5%，在允许误差范围之内。证明新理论的挠度与实验相同。

现行弹性理论挠度与实验误差为 $i_1 = \frac{10 - 14.5}{10} \times 100\% = 40\%$

证明现行弹性理论与实验误差太大。可见，现行弹性理论的挠度是不正确的。

第 6 节　结　论

实验是检验理论正确与否的唯一标准。通过 A、B、C 3 组长度不同的简支梁，在集中力作用下的变形（挠度）实测值和两种理论的计算值相对比，可得出如下结论：

①用"非零应矩弹性理论"挠度新公式计算出的挠度 Δ_m 与实测值 Δ_0 非常接近，几乎相等。百分比误差为 1.6%～3%，允许误差在 5% 之内。证明了新挠度公式的正确性。

②现行弹性理论挠度公式计算出的挠度 Δ_σ 与实测值 Δ_0 相差太大，百分比误差为 28%～41%，证明现行弹性理论的挠度公式不正确，需要加以修正。

大型工程弯折、坍塌事故发生的根本原因是理论计算的变形远小于实际变形造成的。可见"非零应矩弹性理论"对解决大型工程弯折、坍塌具有重大意义。

第 14 章

两种理论下梁振动
固有频率的实验验证

第 1 节　现行弹性理论下简支梁中点位移（挠度）

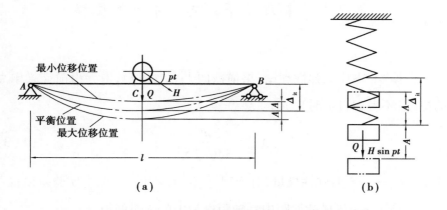

图 14.1　简支梁在电机重力作用下中点位移

作用在梁中点 C 上的外力 P（电动机及连接件自重）如图 14.1 所示，

C 点产生最大挠度(位移),不考虑梁自重时,有

$$\Delta_{\sigma 1} = \frac{Pl^3}{48EI} \qquad (14.1)$$

式中　P——电机自重及连接件总重;

　　　l——梁长;

　　　E——拉伸弹性模量。钢材 $E = 2 \times 10^{11} \, \text{N/m}^2$。

　　　I 为梁横截面的惯性矩:

圆截面　$I = \dfrac{\pi D^4}{64}$

矩形截面　$I = \dfrac{bh^3}{12}$

考虑梁自重时,中点 C 的挠度为

$$\Delta_{\sigma 2} = \frac{(p + 17q/35)l^3}{48EI} \qquad (14.2)$$

式中　q——梁的自重。

第 2 节　新理论下简支梁中点的位移

　　根据"非零应矩弹性理论"梁横截面上有弯应矩,推导出简支梁中点的挠度(不考虑自重时)为

$$\Delta_{m 1} = \frac{pl^3}{48G_w |S_z|} \qquad (14.3)$$

式中　G_w——弯曲弹性模量,对于钢材,$G_w = 2 \times 10^9 \, \text{N/m}$,由实验得出;

　　　$|S_z|$——梁横截面距中性轴距离为 Y 的绝对静矩。

$$|S_z| = \iint |y| \, \mathrm{d}A$$

96

圆截面：$|S_z| = \dfrac{D^3}{6}$

矩形截面：$|S_z| = \dfrac{bh^2}{4}$

通过对称轴中心的绝对静矩也不为零。

考虑梁自重时，简支梁的挠度

$$\Delta_{m2} = \frac{(p + 17q/35)\,l^3}{48G_w\,|S_z|} \tag{14.4}$$

式中　q——梁的自重。

第 3 节　两种理论的受迫振动微分方程及固有频率

①如图 14.1 所示，现行弹性理论梁受迫振动微分方程为

$$\frac{\mathrm{d}^2x}{\mathrm{d}t^2} + 2\beta\frac{\mathrm{d}x}{\mathrm{d}t} + \omega_{0\sigma}^2 x = \frac{F}{m}\cos t \tag{14.5}$$

式中　β——阻尼系数；

　　　m——梁的质量；

　　　F——电机转子偏心引起惯性力；

　　　$\omega_{0\sigma}$——梁的固有角频率，当无阻尼时，$\beta=0$。

$$\omega_{0\sigma} = \sqrt{\frac{g}{\Delta_\sigma}} \tag{14.6}$$

式中　g——重力加速度；

　　　Δ_σ——梁中点的最大挠度。

②非零应矩弹性理论下受迫振动微分方程，用类比方法得出

$$\frac{\mathrm{d}^2x}{\mathrm{d}t^2} + 2\beta\frac{\mathrm{d}x}{\mathrm{d}t} + \omega_{0m}^2 x = \frac{F}{m}\cos t \tag{14.7}$$

式中　ω_{0m}——梁的固有角频率,当无阻尼时,$\beta=0$。

$$\omega_{0m} = \sqrt{\frac{g}{\Delta_m}} \qquad (14.8)$$

式中　Δ_m——梁中点的最大挠度。

对比式(14.6)和式(14.8)可知,两种理论下梁的固有频率公式形式相同,但是,固有频率量值不同。本实验就是为了验证两个固有频率哪个是正确的。

第4节　实验原理

改变作用在梁中点上电机的转速,使梁产生共振,记录共振时电机频率 ω_0。计算两种理论下的最大挠度 $\Delta_{c\sigma}$,Δ_{cm};计算不同挠度下的固有频率 $\omega_{0\sigma}$ 和 ω_{0m}。此两值与实测值 ω_0 对比,与 ω_0 相同或相近者即为梁的固有频率真值,同时也说明了哪种理论正确。

第5节　共振实验准备

①时间:2016 年 12 月。

②地点:攀枝花学院土木工程实践中心。

③实验材料:45 号圆钢、45 号圆钢管。

④简支梁支架。

⑤变形测量仪。

⑥调频电机。

⑦频控制器。

⑧转速测量仪。

第 6 节　实验过程

①调频电机固定在梁中点,质量 8.8 kg(包括连接件),转速 0~1 500 r/min。

②简支梁的种类及相关数据(详见简支梁相关数据及计算总表)。

A.45 号钢空心矩形梁:2 组

B.45 号钢空心圆梁:3 组

C.45 号钢实心圆梁梁:2 组

③对电机进行调频,观察梁的振动情况,记录发生共振时电机的频率 n(见表 14.1 简支梁共振相关数据及计算总表)。

表 14.1 简支梁共振相关

试件排组	实验数据	拉压弹性模量 $E=2\times10^{11}$ N/m²	弯曲弹性模量 $G_w=2\times10^{9}$ N/m	试件长度 L mm× 10^3	内径 d mm× 10	外径 D mm× 10	梁质量 q/kg	电机及附件质量 /kg	惯性矩 I /m⁴	绝对静矩 $\lvert S_z \rvert$ /m³	现行理论静荷位移 $\Delta_{\sigma}=\dfrac{\left(p+\frac{17q}{35}\right)L^3}{48EI_z}$ mm	新理论静荷位移 $\Delta_{m}=\dfrac{\left(p+\frac{17q}{35}\right)L^3}{48G_w\lvert S_z\rvert}$ mm
一组空心矩形梁	A	2×10^{11}	2×10^{9}	2	2.3	2.57	1.35	8.8	1.3×10^{-8}	1.2×10^{-6}	5.5	6
	B	2×10^{11}	2×10^{9}	2.61	2.3	2.57	1.89	8.8	1.3×10^{-8}	1.2×10^{-6}	12.3	13.3
二组空心圆梁	A	2×10^{11}	2×10^{9}	2	1.62	2.07	2	8.8	0.56×10^{-8}	0.77×10^{-6}	14.5	10.5
	B	2×10^{11}	2×10^{9}	2.61	1.62	2.07	2.5	8.8	0.56×10^{-8}	0.77×10^{-6}	28.2	20.5
	C	2×10^{11}	2×10^{9}	3	1.62	2.07	3	8.8	0.56×10^{-8}	0.77×10^{-6}	43.3	31.5
三组实心圆梁	A	2×10^{11}	2×10^{9}	1.5	0	12	1.32	8.8	1.01×10^{-9}	2.88×10^{-7}	29.7	10.5
	B	2×10^{11}	2×10^{9}	2	0	12	1.76	8.8	1.01×10^{-9}	1.01×10^{-9}	70.5	25

数据及计算总表

共振实测电机转速 n_0 转/分	现行理论固有转速 $n_0 = 30\,\omega/\pi$ 转/分	现行理论值与实验值百分误差 $(n_\sigma - n_0)/n_0 \times 100\%$	新理论计算固有频率（转速）$n_{\mathrm{m}} = 30\omega_{\mathrm{m}}/\pi$ 转/分	新理论值与实验值百分误差 $(n_{\mathrm{m}} - n_0)/n_0 \times 100\%$	现行理论值与新理论值误差倍数/倍	结　论
375	389.2	3.79%	373.7	0.35%	(10.92)	新理论固有频率与实测频率更为接近,而现行理论误差是新理论误差的11倍,故新理论正确
247	258	4.45%	247.4	0.16%	27.50	新理论固有频率与实测频率几乎零误差,现有理论值与新理论值的误差倍数达到27倍
297	250	15.82%	293.3	1.25%	12.70	共振时新理论数据与实测频率误差为 1%～2%,误差几乎可以忽略不计
200	167	16.50%	196	2.00%	8.25	
164	132.7	19.09%	15 537	5.06%	3.77	新理论固有频率与实际共振频率误差几乎都在5%以内,均在允许误差范围内,而现行理论与实际误差均很大
267	167.4	37.30%	281.2	5.32%	(7.01)	
191	107.5	43.72%	181	5.24%	8.35	

第 7 节　计算过程

以总表中第二组 A,空心圆截面梁为例:

①几何尺寸:$l = 2$ m,$D = 20.7$ mm,$d = 16.2$ mm。

②惯性矩:

$$I_z = \frac{\pi(D^4 - d^4)}{64} = \frac{\pi(20.7^4 - 16.2^4)}{64} = 0.56 \times 10^{-8} \text{m}^4$$

③绝对静矩:

$$|S_z| = \frac{D^3 - d^3}{6} = \frac{20.7^3 - 16.2^3}{6} = 0.77 \times 10^{-6} \text{m}^3$$

④现行理论计算静荷位移(考虑梁自重):

$$\Delta_{\sigma2} = \frac{(p + 17q/35)l^3}{48EI_z} = \frac{(8.8 + 17 \times 2/35) \times 2^3}{48 \times 2 \times 10^{11} \times 0.56 \times 10^{-8}} = 14.5 \text{ mm}$$

⑤新理论计算静荷位移(考虑梁自重):

$$\Delta_{m2} = \frac{(p + 17q/35)l^3}{48G_w|S_z|} = \frac{(8.8 + 17 \times 2/35) \times 2^3}{48 \times 2 \times 10^9 \times 0.77 \times 10^{-6}} = 10.5 \text{ mm}$$

⑥现行理论梁固有角速度:

$$\omega_\sigma = \sqrt{\frac{g}{\Delta_{\sigma2}}} = \sqrt{\frac{9.8}{14.5 \times 10^{-3}}} = 27.7 \text{ rad/s}$$

梁每分钟振动次数:

$$n_\sigma = \frac{30\omega_\sigma}{\pi} = \frac{30 \times 27.7}{\pi} = 264.6$$

⑦新理论梁的固有角速度:

$$\omega_m = \sqrt{\frac{g}{\Delta_{m2}}} = \sqrt{\frac{9.8}{10.5 \times 10^{-3}}} = 30.5 \text{ rad/s}$$

梁每分钟振动次数：

$$n_m = \frac{30\omega_m}{\pi} = \frac{30 \times 30.5}{\pi} = 291.4。$$

⑧实测共振时电机转速：$n_0 = 297 \text{ rad/min}$。

⑨共振时测的电机转速 n_0 与两种理论计算出的固有转速对比：

$$n_0 = 297 \text{ rad/min}$$

$$n_\sigma = 264.6 \text{ rad/min}$$

$$n_m = 291.4 \text{ rad/min}$$

可见 n_0 与 n_m 非常接近，而 n_σ 与 n_0 相差大。判定新理论下的固有频率是正确的。

⑩新理论与实测误差百分比为：

$$\frac{297 - 291.4}{297} \times 100\% = 1.9\%$$

⑪现行弹性理论的误差为：

$$\frac{297 - 264.6}{297} \times 100\% = 10.9\%$$

⑫现行弹性理论值是新理论值误差的 5.7 倍。

第 8 节　结　论

通过实验数据对比，用非零应矩弹性理论计算得到的梁的固有频率更接近实验值表明其正确性；而现行弹性理论的固有频率与实测共振频率相差很大。这就找到大型工程共振事故经常发生的根本原因。

第 **15** 章

非零应矩弹性理论的压杆
稳定临界力及实验验证

大型工程由于压杆失稳,造成坍塌事故层出不穷。给人类生命财产造成严重损失。追究其原因:除质量事故外,主要是由于弹性理论中的问题造成的。下面对弹性理论存在的问题加以简介(详见非零应矩弹性理论[1])。

第 1 节　现行弹性理论存在的无法解决的不平衡问题

①受相等、相反力偶作用的等直杆部分体不能处于平衡。

如图 15.1(a)受相等、相反力偶作用的等直杆,假想地沿中心轴线剖开成两个半圆柱体,则每个半圆柱体都不能平衡。注意:两端外表面只有力偶矩作用,没有应力。

则 $\frac{1}{4}$ 圆柱面($ABO'O$) 和($CDOO'$)上,由剪应力互等定理的导出的

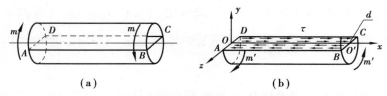

图 15.1　圆柱扭转部分体不能处于平衡

剪应力 $\tau^{[2]}$ 构成的剪力,方向相反、大小相等,处于平衡(省略计算)。而其剪力对 Y 轴的力矩都为顺时针方向,不能保持其平衡,这与实际不符。

②受纯弯曲的矩形梁部分体不能平衡。

要保持图 15.1(b)半圆柱体扭转的平衡,只有等直杆内没有剪应力。

如图 15.2(a)所示,两端受相等、相反力偶作用的矩形梁,其弯矩图如图 15.2(c)所示。其剪力图为零[3]。假想地把梁沿中性面剖开,成上下两部分,再用垂直于 X 轴的平面(nn),把梁切成左右两个部分,即梁被切成四个部分。以左段上、下两部分为例,见图 15.2(d)和 15.2(e),此二段梁只受拉应力或压应力的作用,都不能处于平衡(注意梁端面没有应力作用)。这与实际完全不符。扭转和弯曲不平衡实例很多,不多列举。详见《非零应矩弹性理论》中的实例。

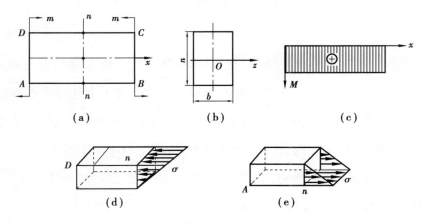

图 15.2　纯弯曲梁部分体不能处于平衡

要保持弯曲部分体的平衡,只能纯弯曲没有正应力(其弯曲正应力只是相当应力不是真应力)。这就是弹性理论必须用应矩理论加以修正的原因之一。

③圆轴扭转剪应力破坏了平面假设[4](详见《非零应矩弹性理论》P11)。

④圆轴扭转剪应力互等定理互相矛盾(详见《非零应矩弹性理论》P14-16)。

⑤圆轴扭转剪应力和牛顿第三定律产生矛盾(详见《非零应矩弹性理论》P14-15)。

⑥第三、第四强度理论[5]会得出,无论多么大的应力都不会使受三向等应力拉伸的物体破坏的结论,哪怕此物体是用萝卜做成的正方体也不会破坏,这完全不符合实际。

第2节　现行弹性理论认定:作用在单位面积上力矩的极限(应矩)恒为零[2]的结论,必须加以修正

理论力学[6]指出:受外力作用的物体向任意点简化都得到主矢和主矩。当应矩恒为零时,则其主矩也恒为零。这就违背了上述理论力学的基本原理。受外力作用的物体只能得到主矢,而不能等到主矩。《非零应矩弹性理论》证明了内力的应矩恒等于零;外力的应矩不等于零。《非零应矩弹性理论》也证明:弯曲没有正应力,而压杆稳定临界力欧拉公式[7]是用正应力理论推导出来的。因此,必须用弯应矩理论加以修正。

第 3 节　应矩理论下的压杆稳定临界力公式

应力理论下压杆稳定临界力欧拉公式为

$$F_{lj\sigma} = \frac{\pi^2 E I_z}{(\mu l)^2} \qquad (15.1)$$

式中　E——材料的弹性模量，钢材 $E = 2.1 \times 10^{11} \ \text{N/m}^2$；

I_z——对中性轴的惯性矩。对于圆形梁 $I_z = \dfrac{\pi D^4}{64} \ \text{m}^4$；

μ——杆件两端约束的长度系数；

l——杆长。

用类比的方法可以得出，应矩理论下的压杆稳定临界力公式[1]

$$F_{ljm} = \frac{\pi^2 G_w \mid S_z \mid}{(\mu l)^2} \qquad (15.2)$$

式中　G_w——弯曲弹性模量[1]，实测 45 号钢：$G_w = 2.1 \times 10^9 \text{N/m}$；

$\mid S_z \mid$——绝对静矩：圆形杆 $\mid S_z \mid = \dfrac{D^3}{6}$。

第 4 节　两种理论的压杆稳定临界力之比

$$F_{lj\sigma} / F_{ljm} = \frac{\pi^2 E I_z}{(\mu l)^2} \Big/ \frac{\pi^2 G_w \mid S_z \mid}{(\mu l)^2} = E I_z / G_w \mid S_z \mid$$

对于 45 号钢：

$$F_{lj\sigma}/F_{ljm} = 2.1 \times 10^{11} \times \frac{\pi D^4}{64}/2.1 \times 10^9 \times \frac{D^3}{6} = \frac{300\pi D}{32} \quad (15.3)$$

式(15.3)说明两种理论下,压杆稳定临界力之比与直径 D 的大小有关。

第 5 节　两种理论下,压杆稳定临界力相等时临界直径

由式(15.3), $F_{lj\sigma} = F_{ljm}$ 时:

$$D^* = 34 \text{ mm} \quad (15.4)$$

直径 D^* 为两种理论压杆稳定的临界直径。它的物理意义:当直径 $D^* <$ 34 mm 时 $F_{lj\sigma} < F_{ljm}$,说明 $F_{lj\sigma}$ 是能保证压杆稳定安全;当 $D^* > 34$ mm 时, $F_{lj\sigma} > F_{ljm}$,说明应矩理论计算出的 $F_{lj\sigma}$ 是不能保证压杆稳定安全。

由于条件限制, $D^* > 34$ mm 不能进行实验。只做 $D^* < 34$ mm 的实验。

两种理论值,哪个与实验值相接近,哪个就是正确的理论。

第 6 节　压杆稳定临界力的实验测定

①原理:实测(压杆长为 l,直径为 D 的 45 号钢和碳素结构钢杆)圆形压杆稳定的临界力与两种理论的临界力的计算值相对比,与实验值接近者证明其理论的正确性。

②时间:2015 年 10 月。

③实验地点:攀枝花学院测试分析中心。

④实验材料:45 号钢和碳素结构钢圆杆。

⑤实验材料尺寸:一组四根,$D = 14.41$ mm,长 $l = 400$ mm。二组两根,$D = 18.58$ mm,长 $l = 400$ mm。

⑥实验设备:INSTRON-英斯特朗——(美国产拉压试验机)最大荷载 100 kN,最大行程 1.5 m。

⑦压杆两端连接方式:拉压实验机底座平台上,设有一直径 $d = 20$ mm圆孔,把压杆下一端插入圆孔中;杆件上端与拉压实验机加力板直接接触。则压杆连接的长度系数介于 $1 \sim 2$,本实验取 $\mu = 1.4$(见张耀春主编,周绪红副主编《钢结构设计原理》P190:钢压杆连接 μ 的取值范围)。

⑧保证压杆稳定实验值准确性的措施:

a.保证实测实验杆的直径和长度的准确性。

b.保证实验杆表面光洁度、垂直度、两端面平整。

c.保证杆件内无夹杂、砂眼、裂纹(由于条件限制,没有做此项工作;虽然对实验有影响,但是对于两种理论造成的影响是相同的)。

d.压杆稳定实验加载时,要保证杆件端面与机座底面垂直。

e.本实验加载与变形全程电脑自动记录(有记录可查)。

第7节 应力、应矩压杆稳定临界力理论值与实验值

表15.1 应力、应矩压杆稳定临界力理论值与实验值对比表

实验组数	杆件材质	杆件编号	外径 D/mm	杆件长度 /m	拉伸弹性模量 E (10^{11} N/m²)	弯曲弹性模量 G_w (10^9 N/m)	绝对静矩 $\|S_z\| = \dfrac{D^3}{6}$ (10^{-7} m³)	截面惯性矩 I_z (10^{-9} m⁴)	实验临界力 F_j /N	实验临界力均值 /N	应矩理论临界力 $F_{ljm} = \dfrac{\pi^2 G_w \|S_z\|}{(\mu l)^2}$, ($\mu=1.4$) F_{ljm}	F_{ljm} 均值	误差	应力理论临界力 $F_{lj} = \dfrac{\pi^2 E I_z}{(\mu l)^2}$, ($\mu=1.4$) F_{lj}	F_{lj} 均值	误差
1组	45号钢	A1	14.41	0.400 0	2.1	2.1	4.99	2.12	35 140.1	36 494	32 979	32 897	10%	14 011	13 976	62%
		B1		0.400 0					39 114.2		32 979			14 011		
		C1		0.401 0					35 534.9		32 815			13 941		
		D1		0.400 0					36 189.7		32 815			13 941		
2组	碳素结构钢	A2	18.58	0.401 0	2.1	2.1	10.69	5.85	73 653.3	72 167	70 299	70 299	3%	38 471	38 471	47%
		B2		0.401 0					70 681.0		70 299			38 471		

第 8 节　结　论

对比表 15.1 可见,两组实验数据都与应矩理论计算值相接近:一组误差为 10%,二组误差为 3%;而应力理论的计算值误差很大:第一组误差为 62%,第二组误差为 47%。可见应矩理论是正确的。这就找到了压杆失稳事故经常发生的根本原因:就设计而言,用应力理论分析导致的安全隐患更大。

第 *16* 章

应力、应矩重要数据

表 16.1 几种常用材料的弹性模量 E 和泊松比 μ 值

材料名称	E/GPa	μ
碳素钢	196~216	0.24~0.28
合金钢	186~206	0.25~0.28
灰铸铁	78.5~157	0.23~0.27
铜及其合金	72.6~128	0.31~0.42
铝合金	70	0.33

表 16.2 几种常用材料的主要力学性质

材料名称	牌 号	屈服极限 σ_s/MPa	强度极限 σ_b/MPa	延伸率 $\delta_s/(\%)$
普通碳素钢	Q235 Q255	216~235 255~275	373~461 490~608	25~27 19~21
优质碳素结构钢	40 45	333 353	569 598	19 16

续表

材料名称	牌　号	屈服极限 σ_s/MPa	强度极限 σ_b/MPa	延伸率 δ_s/(%)
普通低合金结构钢	Q345	274~343	471~510	19~21
	Q390	333~412	490~549	17~19
合金结构钢	20Cr	540	835	10
	40Cr	785	980	9
碳素铸钢	ZG270-500	270	500	18
可锻铸铁	KTZ450-06		450	6(δ_s)
球墨铸铁	QT450-10		450	10(δ)
灰铸铁	HT150		120~175	

表 16.3　圆轴扭转形心静矩和抗扭截面模量

理论对比 圆轴结构	应矩理论 形心静矩	应力理论 极惯性矩	应矩理论 抗扭强度	应力理论 抗扭截面模量
实心圆轴	$s_0 = \iint_A \rho dA = \frac{2\pi}{3}R^3 = \frac{\pi}{12}D^3$	$I_p = \iint \rho dA = \frac{\pi d^4}{32}$	$W_n = \frac{\pi D^2}{6}$	$W_\tau = \frac{\pi}{16}D^3$
空心圆轴	$s_0 = \frac{\pi}{12}D^3(1-\alpha^3)$	$I_p = \frac{\pi d^4}{32}(1-\alpha^4)$	$W_n = \frac{\pi D^2}{6}(1-\alpha^3)$	$W_\tau = \frac{\pi}{16}D^3(1-\alpha^4)$

表 16.4　几种材料的扭转弹性模量

45 号钢 G_{n45}	3 号钢 G_{n3}	铸铁 G_{HT200}
$(3.0~3.1)\times10^8$ N/m	2.3×10^8 N/m	1.06×10^8 N/m

表 16.5　几种材料扭转非零应矩的主要机械性能

材料名称	45 号钢	3 号钢	铸　铁
应矩屈服极限 m_s	9.6×10^5N/m	5×10^5N/m	
应矩强度极限 m_b	59.8×10^5N/m	16.3×10^5N/m	8.6×10^5N/m
说　明	本表数据由式 $m_w=\sigma\times10^{-2}$ 得到		

113

表 16.6　几种几何形状梁的绝对静矩 $|S_z|$ 及抗弯截面模 W_w

几何形状	$|S_z|$	W_w
正方形	$\dfrac{a^3}{4}$	$\dfrac{a^2}{2}$
矩形竖放	$\dfrac{bh^2}{4}$	$\dfrac{bh}{2}$
圆形	$\dfrac{D^3}{6}$	$\dfrac{D^2}{3}$
圆管	$\dfrac{D^3}{6}(1-\alpha^3)$	$\dfrac{D^2}{3}(1-\alpha^3)$
工字钢	$|S_z|=\dfrac{bh^2}{4}-\dfrac{(b-d)(h-2t)^2}{4}$	$W_w=\left[\dfrac{bh}{2}-\dfrac{(b-d)(h-2t)^2}{2h}\right]$
梯形	$\dfrac{(a+b)h^2}{8}$	

表 16.7　梁弯曲最大弯应矩和最大剪应力简捷计算公式

矩形梁	最大弯应矩 $m_{max}=\dfrac{2M_w}{bh}$	最大剪应力 $\tau_{max}=\dfrac{2Q(x)}{bh}$
圆形梁	最大弯应矩 $m_{max}=\dfrac{3M_w}{4R^2}$	最大剪应力 $\tau_{max}=\dfrac{3Q(x)}{4R^2}$

表 16.8　碳素钢梁弯曲、扭转安全临界尺寸和转换公式

结构 ＼ 尺寸	保证安全的临界尺寸	安全尺寸转换公式
矩形梁	$h^*=30$ mm	$h_m=1.33h_\sigma$
圆形梁	$D^*=34$ mm	$D_m=\dfrac{5}{4}D_\sigma\sqrt{6\pi D_\sigma}=5.42D_\sigma\sqrt{D_\sigma}$
圆轴扭转	$D^*=10$ mm	$D_m=10D_\tau\sqrt{D_\pi}$

表 16.9 碳素钢的 4 个(独立弹性常数)弹性模量

拉伸弹性模量 $E/(N \cdot m^{-2})$	剪切弹性模量 $G/(N \cdot m^{-2})$	弯曲弹性模量 $G_w/(N \cdot m^{-1})$	扭转弹性模量(中碳钢)$G_n/(N \cdot m^{-1})$
2×10^{11}	8×10^{10}	2×10^9	3×10^8

表 16.10 两种钢弯曲、扭转非零应矩的主要机械性能

	普通碳素钢 Q235	45 号中碳钢
弯曲	弯应矩比例极限和弹性极限 $m_{ew} \approx m_{pw} = 2 \times 10^6 \, N/m$ 弯应矩屈服极限 $m_{sw} = (2.16 \sim 2.75) \times 10^6 \, N/m$	$m_{sw} = 3.5 \times 10^6 \, N/m$ $m_{bw} = 5.98 \times 10^6 \, N/m$
扭转	$m_{sn} = 5 \times 10^5 \, N/m$ 弯应矩强度极限 $m_{bn} = 16.3 \times 10^5 \, N/m$	$m_{sn} = 9.6 \times 10^5 \, N/m$ $m_{bn} = 32.5 \times 10^5 \, N/m$

表 16.11 碳素钢矩形梁、圆梁刚度安全的临界尺寸和转换公式

尺寸 \ 结构	临界尺寸	转换公式
矩形梁	$h_\sigma^* = 30 \, mm$	转角 $\vartheta_m = \dfrac{100}{3} h \vartheta_\sigma \, rad$;挠度 $y_m = \dfrac{100h}{3} y_\sigma \, m$
圆梁	$D_\sigma^* = 34 \, mm$	转角 $\vartheta_m = \dfrac{32}{300\pi D_\sigma} \, rad$;挠度 $y_m = \dfrac{32}{300\pi D_\sigma} m$

表 16.12 普通碳素钢屈服线应变、屈服角应变

屈服线应变	$\varepsilon_{\sigma s} = \varepsilon_{ms} = (1.06 \sim 1.38) \times 10^{-3} \, m/m$(平均值为 1.23 mm/m)
屈服角应变	$\gamma_{s\sigma} = \gamma_{sm} = 1.65 \times 10^{-3} \, rad$

表 16.13　中、低碳素钢应力应矩柔度临界值

构　料 ＼ 临界值	应力柔度临界值	应矩柔度临界值
低碳钢	$\lambda_p = 100$	$\lambda_m = 10\sqrt{m}$
中碳钢	$\lambda_p = 75$	$\lambda_m = 7.5\sqrt{m}$

表 16.14　平面曲杆绝对静矩（中性层不在形心上）曲率半径

结　构 ＼ 特　性	绝对静矩	曲率半径
矩形曲杆	$\|S_z'\| = \left[1 + \left(\dfrac{h}{2R_0}\right)^2\right]\|S_z\|$	$\gamma_1 = R_0 + \dfrac{h^2}{4R_0}; \gamma_2 = R_0$
梯形曲杆	$\|S_z'\| = \left[1 - \dfrac{(b-a)h}{(a+b)R_0}\right]\|S_z\|$	$\gamma = R_0 - \dfrac{b-a}{a+b}h$

参考文献

［1］钱伟长,叶开沅.弹性力学[M].北京:科学出版社,1956.

［2］韩文坝.黄双华.非零应矩弹性理论[M].重庆:重庆大学出版
社,2013.

［3］黄炎.工程弹性力学[M].北京:清华大学出版社,1982.

［4］赵九江,张少实,王春香.材料力学[M].哈尔滨:哈尔滨工业大学出版
社,1987.

［5］刘鸿文.材料力学[M].北京:高等教育出版社,2016.

［6］张如三,王天明,哈路.材料力学[M].北京:中国建筑出版社,2008.

［7］范钦珊,殷雅俊,唐靖林.材料力学[M].北京:清华大学出版社,2015.

［8］单辉祖.材料力学[M].北京:高等教育出版社,2016.

［9］罗迎社.材料力学[M].北京:高等教育出版社,2013:8.

［10］田玉梅,贾杰.材料力学[M].北京:清华大学出版社,2013.

［11］刘德华,黄超.材料力学[M].重庆:重庆大学出版社,2011.

[12] 杨在林.材料力学[M].哈尔滨:哈尔滨工业大学出版社,2007.

[13] 孙金坤,黄双华,韩文坝,等.圆轴扭转无剪应力论证及试验研究 [J].科技论文在线,2017.

[14] 刘帅,郭剑,黄双华,等.《非零应矩弹性理论》压杆稳定临界力及实 验验证[J].大科技,2016.

[15] 李立群.典型非局部弹性元件的静力学和动力学分析[D].长沙:国 防科学技术大学,2012.

[16] 董聪.现代结构系统可靠性理论及其应用[M].北京:科学出版 社,2001.

[17] 韩文坝,刘大斌,蔡冰清,等.单元体斜截面上的应力不是其上质点 的平衡应力[J].中国工程科学,2005,7(11):42-47.

[18] 王贻荪.平面 SH 波作用下基础的扭转反应[J].上海力学,1983, 4(3):32-38.

[19] 罗培林.Hooke's Law(胡克定律)的革新与"强度稳定综合理论"的 创建和发展[J].哈尔滨工程大学学报,2008,29(7):641-650.

[20] 郭荣生.空气弹簧悬挂的振动特性和参数计算(上)[J].铁道车辆, 1992(5):1-6.

[21] 郑明军,陈潇凯,林逸.空气弹簧力学模型与特性影响因素分析[J]. 农业机械学报,2008,39(5):10-14.

[22] 尹国盛,杨毅.大学物理[M].北京:机械工业出版社,2010.

[23] 王殿元,谢卫军.物理学[M].上海:同济大学出版社,2012.

[24] 王鸿儒、王熙.物理学[M].北京:北京大学医学出版社,1995.

[25] 谢官模.振动力学[M].北京:国防工业出版社,2001.

[26] 刘习景,贾启芬.工程振动理论与测试技术[M].北京:高等教育出版 社,2004.

［27］张祥东.理论力学［M］.重庆:重庆大学出版社,2014.

［28］赵五一,压杆失稳［J］.北京:建筑工人,2001.

［29］汤红.结构设计中的一些常见问题探讨［J］.江西煤矿科技,2005.

［30］随炳强,邓长根.钢压杆稳定加固研究进展［J］.江北工程大学(自然科学版),2009.

［31］［美］Pobertl.Mott.Applied Strength of Materials.重庆:重庆大学出版社,2005.

［32］(美)J.M 盖尔(James M.Gere) Mechanics of Materials［M］.北京:机械工业出版社,2002.

［33］Trifunic M D. Interaction of a shear wall with the soil for incident plane SH wave［J］. Bulletion of the Seismological Society of America,1972, 62:62-83.

［34］Luco J.On the relation between radiation problem for foundation embedded in an elastic half-space［J］.Soil Dynamics and Earthquake Engineering,1986(5):97-101.